艺术中的数学

[英]约翰·D. 巴罗 著

周启琼 靖润洁 译

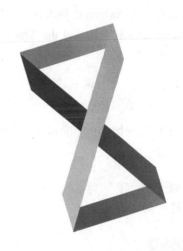

上海科技教育出版社

图书在版编目(CIP)数据

艺术中的数学/(英)约翰·D. 巴罗(John D. Barrow)
著;周启琼,靖润洁译. —上海:上海科技教育出版社,
2023.2(2024.5 重印)
(数学桥丛书)
书名原文:100 Essential Things You Didn't Know You
Didn't Know About Math and the Arts
ISBN 978－7－5428－7856－4

Ⅰ. ①艺… Ⅱ. ①约… ②周… ③靖… Ⅲ. ①数
学—普及读物 Ⅳ. ①O1－49

中国版本图书馆CIP数据核字(2022)第207960号

责任编辑 李　凌　吴　昀
封面设计 杨　静

数学桥丛书
艺术中的数学
[英]约翰·D. 巴罗　著
周启琼　靖润洁　译

出版发行　上海科技教育出版社有限公司
　　　　　(上海市闵行区号景路 159 弄 A 座 8 楼　邮政编码 201101)
网　　址　www.sste.com　www.ewen.co
经　　销　各地新华书店
印　　刷　上海商务联西印刷有限公司
开　　本　720×1000　1/16
印　　张　17.25
版　　次　2023 年 2 月第 1 版
印　　次　2024 年 5 月第 2 次印刷
书　　号　ISBN 978－7－5428－7856－4/N·1168
图　　字　09－2021－0406 号
定　　价　60.00 元

前言

    数学就在我们周围,很多通常根本不被认为是"数学"的问题,其中就隐藏着数学。本书是数学点点滴滴的集合——数学在我们日常生活中的不同寻常的应用。这些都是从"艺术"世界获得的,这里的"艺术",是一个定义很宽泛的学科,它包含着设计和人文的各块大型次大陆,从中我选择了跨越广泛可能性的100个例子。这些例子可以按任何顺序阅读:一些章节与其他章节相互联系,但大部分都是独立的,并对艺术的某一方面提供了一种新的思考方式。这些艺术包括雕塑、硬币和邮票的设计、流行音乐、拍卖策略、伪造、涂鸦、钻石切割、抽象艺术、印刷、考古学、中世纪手稿的布局以及版本鉴定。这不是一本传统的关于对称性和透视的老套的"数学和艺术"书,而是邀请你重新思考如何看待你周围的世界。

    所有形式的艺术与数学之间的多种多样的广泛联系并不出人意料。数学是所有可能模式的集合——这就解释了它的效用性和普遍性。我希望这本关注空间和时间模式的案例集会拓宽你对数学的欣赏。简单的数学可以揭示不同的世界。

    在这里我要感谢很多人,他们鼓励我写这本书,或者帮助收集插图材料,使得这本书最终出版。我特别要感谢博德利·海德出版公司的艾尔斯（Katharine Ailes）、苏尔金（Will Sulkin）和他的继任者威廉姆斯（Stuart Williams）。也感谢布莱特（Richard Bright）、唐伊（Pino Donghi）、达芬（Ross Duffin）、艾奥迪（Ludovico Einaudi）、弗赖贝格（Marianne Freiberger）、胡利（Tony Hooley）、斯科特·金（Scott Kim）、梅伊（Nick Mee）、西山丰（Yutaka Nishiyama）、泰勒（Richard Taylor）、托马斯（Rachel Thomas）和沃克（Roger Walker）对本书的贡献。我还要感谢伊丽莎白（Elizabeth）和我们日益成长的家庭成员，他们间或关注这本书的进展，我希望当这本书出版时他们能够给予关注。

约翰·D.巴罗
2014年于剑桥大学

目 录

数学的艺术

　　为什么数学和艺术如此频繁地被联系在一起？我们找不到关于艺术和流变学或艺术和昆虫学的书、展览，但是艺术和数学却常常是亲密的伙伴。有一个简单的原因，我们可以把这个原因归结到数学的本原定义。

　　历史学家、工程师和地理学家可以很容易地说他们的学科是什么，但数学家可能不会那么肯定。长期以来，对于数学是什么，一直有着两种不同的看法。有些人认为它是被发现的，而另一些人则认为它是被发明的。第一种观点认为，数学是一种永恒的真理，在某种现实意义上已经"存在"，并被数学家发现。这种观点有时被称为数学的柏拉图主义。第二种与此截然不同的观点认为数学就像国际象棋，是一个无限大的带有某些规则的游戏，是我们发明的，并且它的结果是我们追求的。通常，我们在看到自然的模式后设置规则，或是为了解决一些实际问题而设置规则。不管什么情况，数学都被认定仅仅是这些规则的后果：它没有意义，只有可能的应用。数学是人类的发明。

　　这些在发现和发明两者中选一的哲学并不是数学的独特性质。它们是可以追溯到早期希腊哲学思考的一对选择。我们可以想象，同样的二分法适用于音乐、艺术或物理定律。

　　关于数学，奇怪的是，几乎所有的数学家都像是柏拉图主义者，他们在智力可及的数学真理世界里探索和发现。然而，如果敦促其对数学的最终性质表态，他们中很少有人会捍卫数学的这种观点。

这种情况把那些质疑这两种观点间区别之明显性的人，比如我，给弄糊涂了。毕竟，如果一些数学是被发现的，为什么你不能用它来发明更多的数学？为什么我们称之为"数学"的一切要么必须全都是被发明的，要么必须全都是被发现的呢？

另一种对于数学的观点从某种意义上说比较弱，它的定义包括其他活动，如针织或音乐，但我认为这对非数学家更有用。它也阐明了为什么我们发现数学在理解物理世界时是如此有用。在这第三个观点中，数学是所有可能模式的集合。这个集合是无限的。有些模式存在于空间，并装饰我们的地板和墙壁；其他则是时间的序列、对称、逻辑模式，或是因果模式。有些对我们很有吸引力，但有些我们却不感兴趣。前者我们进一步研究，后者我们则不研究。

使许多人感到惊讶的是数学的效用，这种认为并不神秘。宇宙中必定存在某些模式，否则任何形式的有意识的生命都不能够存在。数学只是对这些模式的研究。这就是为什么在我们的研究中，自然界是无处不在的。但仍然有一个谜：为什么这么少的简单模式，揭示了这么多的宇宙结构和它所包含的一切？你也可能注意到，数学在简单的物理科学中是非常有效的，但涉及理解许多人类行为的复杂科学时却是令人惊讶的无效。

数学是所有可能模式的集合的观点，也显示了为什么艺术和数学如此经常地走到一起。艺术作品中总是有一种模式识别。在雕塑中会有空间的模式，在戏剧中也会有时间的模式。所有这些模式都可以用数学的语言来描述。然而，尽管有这种可能性，在走向新的模式和更深入的理解的意义上，无法保证数学描述将是有趣的或富有成果的。我们可以用数或字母来标注人的情绪，并且我们可以将它们列出，但这并不意味着它们将遵循数或语法的模式。其他微妙的模式，如音乐中所发现的，显然属于这种数学的结构观。这并不意味着音乐的目的或者意义是数学的，只是它的对称性和模式组成了数学所寻求探索的可能性的庞大集合中的一小部分。

一家画廊需要
多少保安

想象一下你是一家大型画廊安保部门的经理。画廊的墙上有许多珍贵的绘画作品。它们都挂得很低,参观者可以水平地直视,因此它们也容易被盗窃或被破坏。画廊有不同形状和大小的房间,你如何确保每一幅画在任何时间都在保安的监控下呢? 如果你有无限的资金,那么办法很简单:只要每幅画前站一名保安。但画廊很少有钱,并且捐赠者并不倾向于把他们的捐赠花在保安和他们的椅子上。因此,现实中,你会遇到一个问题,一个数学问题:要使画廊所有的墙面都能被一眼看到,你最少需要雇用多少名保安并如何安排他们的位置?

我们需要知道监控所有墙壁的最少保安人数(或监控摄像头数)。假设墙壁是平直的,站在两面墙相交的角落,保安能看到两面墙上发生的每件事。再假设保安的视线不会被阻挡,并可 360 度旋转。很明显,一个三角形的画廊只需要一名站在其中任何位置的保安。实际上,如果画廊地板的形状像任何有着平直墙壁、所有墙角都朝外的多边形(一个"凸"多边形,如三角形),那么一名保安就足够了。

但当有些墙角不朝外时,事情就变得更有趣了。下页图是一个有八面墙的画廊,如果保安位于角 O 的位置,画廊仍只需一名保安监控。如果保安位于左边顶角或底角,则不然。

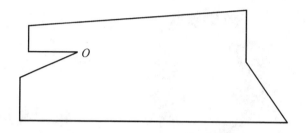

所以,这家画廊的运行成本还是相当小的。下图是一个怪异的有 12 面墙壁的画廊,需要 4 名保安来监控所有的墙壁,这种画廊就不是很有效率。

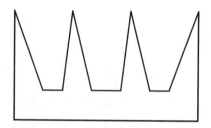

要一般地解决这样的问题,就看我们如何把画廊分成不重叠的三角形①。这总是可以做到的。因为三角形是这些只需要一名保安的凸多边形之一(三条边的凸多边形),我们知道如果画廊可以完全由 T 个不重叠的三角形覆盖,那么就可以由 T 名保安监控。

当然,它可能需要更少的保安。例如,我们总可以连接对角线把正方形分成两个三角形,但我们不需要两名保安盯着所有的墙——一个人就行。在一般情况下,要监控有 W 面墙的画廊,必需的保安人数最多是 $W/3$ 的整数部分②。对于那个有 12 面墙的锯齿状画廊,最多是 12/3 =4 人,而对于一个 8 面墙的画廊,这个人数则是 2。

不幸的是,确定是否需要用到这个最多人数并不是那么容易的,并且是所谓

---

① 如果多边形有 S 个顶点,就会有 $S-2$ 个三角形。——原注

② 我们用 $[W/3]$ 来表示这个数字。最早是赫瓦塔尔(Václav Chvátal) 在《组合论杂志》(*Journal of Combinational Theory*) B 系列,18,39(1975)上证明的。这个问题是克莱(Victor Klee)于 1973 年提出的。——原注

的"困难的"计算机问题,每次你添加一面墙,计算时间就会增加一倍①。在实际中,如果 W 是一个非常大的数字,这将是一个无法排除的烦恼。

你现今访问的大多数画廊不会有像这些例子中那样古怪的锯齿状墙壁,墙壁都是成直角的,如下图所示。

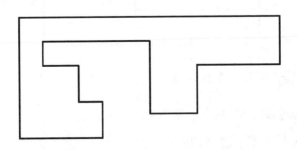

如果一个如上图所示的直角形画廊有多个墙角,那么它可以划分成一些矩形,每个矩形都需要不超过一名保安来监控墙壁②。现在,位于墙角的,必要且充分地保护画廊的保安人数是(1/4 × 墙角数)的整数部分:对于上图显示的有 14 个墙角的画廊这个数字是 3。显然,从薪酬(或摄像头费用)方面看,这样设计的画廊更经济,尤其当画廊变得更大时。如果画廊有 150 面墙,那么墙壁非直角设计的画廊可能需要 50 名保安,而直角设计的画廊则最多需要 37 名保安。

另一种传统的直角形画廊将画廊分成房间。下图是一个有 10 间房间的画廊。

在这种情况下,你总可以把画廊分成一个个不重叠的矩形。这是权宜之计,因为如果你将一名保安安排在连接两间房间的门口,则两间房间能够同时被监控到。然而没有保安能够同时监控三间或更多的房间。所以现在充分地,有时

---

① 这是一个 NP 完全问题。见奥罗克(J. O'Rourke),《艺术馆定理与算法》(*Art Gallery Theorem and Algorithms*),牛津大学出版社,牛津(1987)。——原注

② 卡恩(J. Kahn),克拉韦(M. Klawe)和克莱特曼(D. Kleitman),《工业与应用数学学会代数和离散方法 SIAM 学刊》(*SIAM Journal on Algebraic and Dissrete Methods*)4,194(1983)。——原注

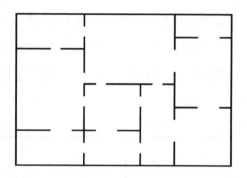

是必要地,保持全面监控一个画廊的保安人数则是大于或等于$\frac{1}{2}$×房间数的下一个整数。在这个例子中,这个数就是5。

这是一个使用资源更经济的办法。数学家们研究了各种各样更现实的情况,有些情况中保安可以走动,有些情况中他们的视线受到局限,或者那里用了镜子来帮助他们看到被拐角遮挡的角落。数学家们对文物窃贼如何选择最佳路线穿过画廊以躲避摄像头或巡逻的保安也有研究。下次你如果打算偷窃《蒙娜丽莎》,你会有一个好的开始。

关于屏幕宽高比

　　有很大一部分人每天将大量清醒的时间花在看电视和电脑屏幕上,这一点令人担忧。50 年后,毫无疑问地在学术期刊上,就会有文章揭示在计算机革命期间,无视"健康和安全"对我们视力的影响。

　　在过去的 20 年中,用于计算机产业的屏幕已经向特定的形状和大小发展了。从电视屏幕说起,"大小"是由屏幕的对角线的长度来标记的。而"形状"则是由屏幕的宽度与高度之比"宽高比"来定义的。计算机产业中,已经有三四个常见的宽高比了。在 2003 年以前,大部分计算机显示器的宽高比为 4:3。所以,如果宽是 4 个单位,则高为 3 个单位,毕达哥拉斯定理告诉我们,$4^2 + 3^2 = 5^2$,因此对角线的长度为 5 个单位。这种几乎方形的屏幕成了过去电视产业的标准。偶尔,你也会看到宽高比为 5:4 的显示器,直至 2003 年,4:3 的显示器最为常见。

　　从 2003—2006 年,计算机行业走向了 16:10 的办公室标准,即面积更小,但"景观"更广。这个比例与著名的"黄金比例"1.618 几乎相等,这不是偶然的。这个比例经常被建筑师和艺术家称为最美观悦目的,数百年来已被广泛地应用到艺术与设计中。自欧几里得以来,数学家们已经意识到这个比例的特殊地位。我们会在后面的章节中再次讲到,现在我们只需要知道:两个量 A 和 B 被称为

成黄金比例,如果

$$A/B = (A + B)/A = R。$$

转换之后,我们可以得到 $R = 1 + B/A = 1 + 1/R$,所以,

$$R^2 - R - 1 = 0。$$

这个二次方程的解是无理数 $R = (1 + \sqrt{5})/2 = 1.618$。

黄金比例的宽高比 R,被用于第一代笔记本电脑,接着用于任何台式机的显示器。然而,到 2010 年,发生了另一种改变,也许这只是一个不经意的改变,即变成了 16:9 的宽高比。这些数——4 和 3 的平方——有一个很好的毕达哥拉斯比,而宽 16 个单位,高 9 个单位的屏幕的对角线,其长度为 256 + 81 = 337 的平方根,大约是 18.36,这不是一个整数。在 2008 年到 2010 年,电脑屏幕,几乎都是 16:10 或者 16:9 的,但到 2010 年,大部分电脑屏幕的宽高比摆脱了黄金分割而转向 16:9 的标准,这是在电脑屏幕上看电影的最好的折中办法。然而,用户似乎再一次成为失败者,因为如果你用两个同样对角线尺寸的屏幕,则宽高比为 4:3 的屏幕显示的面积比 16:9 的更大:4:3 宽高比在 28 英寸①屏幕上的显示面积为 376 平方英寸,而 16:9 在 28 英寸屏幕上的显示面积只有 335 平方英寸。当然,正在不断追求让你升级你的屏幕尺寸的制造商和零售商,是不会告诉你这些事情的。升级的结果很可能是降级。

---

① 1 英寸相当于 2.54 厘米。——译注

维克瑞拍卖

艺术品或房子的拍卖在某种意义上是开放的:竞拍者听着其他投标人或其代理人的出价。结果是由出价最高的投标人在最高投标价格上成交。这是"报价"拍卖。

小型物品(比如邮票、硬币或文件)的卖家,已经广泛使用另一种类型来拍卖,通过邮寄或互联网操作进行"邮件销售",并且操作起来更便宜,因为它不需要一个有执照的拍卖行来操作。竞拍者在指定的日期对某一拍品发出密封投标书。出价最高的竞拍者赢得拍品,但付第二高的出价。这种类型的密封投标的拍卖被称为维克瑞拍卖(次高价拍卖),是以美国经济学家维克瑞(William Vickery)的名字命名的,维克瑞于1961年研究这种拍卖的动因,及其他类型的拍卖①。这种类型的拍卖不是维克瑞发明的。它最初是在1893年被用来拍卖邮票给收藏家和商人的,那时拍卖开始吸引大西洋两岸的买家,他们不方便长途旅行亲自参加现场拍卖。现在它是如易贝(eBay)这种互联网拍卖的运作模式(虽然易贝要求下一次竞拍要比前一次最高竞标价高出一个最低金额)。

通常在房屋销售中很受欢迎的"报价"类型——密封投标拍卖,是存在问题

---

① 维克瑞,《金融学杂志》(*J. of Finance*),16,8(1961)。——原注

的。如果每个人都认为只有他/她知道该拍品的真正价值,那么每一次出价很可能少于该拍品的真正价值,则拍品可能会被低售。一个买家竞价买物品,比如房子,其价值是不明确的,在公开竞价时,会感觉被迫出价过高,最终可能要付出比应该支付的高得多的价格才能赢得拍卖。有些买家也担心密封投标拍卖会出高价,因为他们把信息提供给了卖家。如果你看到一个拍品在混合拍卖时非常有价值,然后出高价竞拍时,你就给了卖家一个信号,使他突然意识到你所看到的拍品的价值而撤回拍卖。

总而言之,密封投标类型的"报价"拍卖似乎阻碍了人们对有价值拍品的购买和出售。维克瑞拍卖方式更好。维克瑞拍卖采用的最优策略是拍出等值于拍品价值的价格。要知道为什么,假设你的出价是 B,你判断该拍品的价值是 V,而其他投标人出的最高价是 L。如果 L 大于 V,那么你应该使你的出价小于或等于 V,这样你不会以高于拍品价值的价格购买。然而,如果 L 小于 V,则你应该出价等于 V。如果你出价低,你不会以更便宜的价格得到拍品(你仍需支付 L,第二高的出价),而你有可能会输给其他投标人。因此你的最优策略是以等值于拍品价值 V 的金额出价。

如果我唱歌跑调，
你会怎么说

　　流行歌手的完美音调和高音往往听起来很可疑，尤其是业余选手在才艺表演时。听一听老的音乐节目，它们远没有这么完美。我们的怀疑是合理的。一些数学技巧被用来改进和提高一个歌手的表演，使得走调的声音听起来精确且完美。

　　1996 年，希尔德布兰德(Andy Hildebrand)利用信号处理方法来进行石油勘探，他研究地表下发出的地震信号回波，以绘制出地下岩石和石油的分布图。他决定利用他的声学专业知识来研究不同乐声间的相关性，并设计出一个自动干预系统来消除或纠正走调的或其他某种不和谐的声音。显然这一切是从他决定退出石油勘探领域，并考虑下一步该做什么的时候开始的。一次晚餐时，有一位嘉宾向他挑战，要他想办法让她唱歌不走调。他做到了。

　　希尔德布兰德的自动调音程序开始只有少数几个工作室使用，但逐渐成为一种行业标准。它可以有效地连接到歌手的麦克风，对走调和糟糕的音调进行瞬间识别和校正。无论输入的质量如何，它会自动调整并输出完美的声音。希尔德布兰德对这些进展感到十分惊讶，他原本只是希望他的程序纠正偶尔的不和谐音符，而不是用来处理整个作品。歌手们都期待自己的唱片经过这个自动调音软件的处理。当然，这一软件对唱片具有均匀化效果，尤其对那些由不同艺术家演唱的同一首歌曲。起初,这个软件很贵,但便宜的版本很快就可供家庭和卡拉 OK 演唱使用了,它的影响现在已经随处可见。

不涉及音乐产业的大多数听众最初听到这些时,大惊小怪炸了锅,因为广受欢迎的 *X Factor* 电视选秀节目中的参赛者用自动调音软件而改善了他们的声音。随着强烈抗议,节目禁止了这个软件的使用,歌手们发现更有挑战性了。

自动调音软件并不只是将歌手唱的音符的频率调到最接近的半音上(钢琴键盘上的调)。声波的频率等于它的速度除以波长,因此频率的变化会改变它的速度和持续的时间。这会使音乐听起来好像在不断地减慢或加快。希尔德布兰德的诀窍是将音乐数字化,成为不连续的声音信号序列,并改变波的持续时间使它听起来正确。当频率被修正时,无误的音乐信号就被重构了。

这是一个复杂的过程,依赖于数学方法中的傅立叶分析。它显示了如何将任何信号分解成不同的正弦波的总和。就好像这些简单的波是最基本的构件,任何复杂的信号都可以由它们构成。将复杂的音乐信号分解成具有不同频率和振幅的基本构件波的总和,使得音高修正和时间补偿能快速完成,听众甚至不知道正在发生的事。当然,除非他/她怀疑歌手的演唱有点过于完美。

芭蕾舞中
的大踢腿

芭蕾舞演员似乎可以无视重力,跳跃时"挂"在空中。当然,他们不能抵抗重力,所以,所谓的"悬在空中"只是过分热情的粉丝和评论家的夸夸其谈?

怀疑者指出,当一个抛物体(在这种情况下是人体)从地面发射(空气阻力可以忽略不计),那么它的质心①将遵循抛物线的轨迹,没有什么抛物体能改变这种规则。然而,力学定律还有一些细则:只有抛物体的质心必须遵循抛物线轨迹运动。如果你移动自己的手臂,或者把膝盖移到胸部,你可以改变身体某些部位相对于质心的位置。在空中抛出一个不对称物体,比如一个网球拍,你会看到球拍的一端在空中会遵循一个相当复杂的反向循环路径,虽然如此,网球拍的质心仍然遵循抛物线轨迹。

现在我们可以开始看专业的芭蕾舞演员能做什么。她的质心遵循抛物线轨迹,但她的头部不需要遵循。她可以改变自己身体的形状,使她头部的运动轨迹在某一显著的时间段里保持同一个高度。当我们看到她跳跃时,我们只注意到她头部的动作,并不看她的质心。芭蕾舞演员的头部确实在短时间里保持水平

---

① 你的质心位于靠近肚脐的地方,当你直立时质心与地面的距离大约是你身高的 0.55 倍。——原注

轨迹。这不是错觉,也不违反物理定律。

芭蕾舞演员在表演最精彩的芭蕾跳跃大踢腿时完美地展现了这一技巧。芭蕾舞演员在跳跃的同时完成一个完整的劈叉动作,并艺术性地创造出优雅地飘在空中的错觉。在跳跃阶段,她的腿抬到水平位置,手臂举过肩膀。这动作提高了质心相对于头部的位置。随后,她的质心相对于头部的位置在她落回地面的过程中随着腿部和手臂的放下而降低。芭蕾舞演员的头部在跳跃的中间阶段似乎在水平移动,因为她的质心在跳跃阶段沿身体抬升着。她的质心始终遵循着预期的抛物线轨迹,但她的头部在大约 0.4 秒内与地面保持相同的高度,从而产生一个美好的飘浮幻觉①。

物理学家用传感器监测芭蕾舞演员的运动,下图显示了在跳跃过程中芭蕾舞演员头部与地面距离的变化。在跳跃的中间阶段有一个非常独特的平稳状态,显示出"悬在空中",这与质心遵循抛物线轨迹是完全不同的。

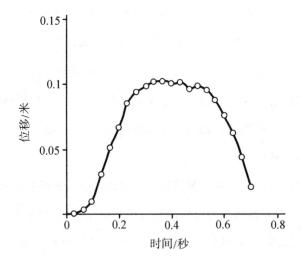

① 这也可以在女子自由体操中看到。——原注

不可能的信任

  是否真的可能有一个信任是不可能的？我并不是单纯地指一个错误的信任，而是一个逻辑上不可能的信任。哲学家罗素（Bertrand Russell）提出了著名的逻辑悖论——对那些试图表明数学只不过是逻辑的数学家具有深远的影响——所有遵循起始假设集合的推论的集合，称为"公理"。罗素向我们介绍了所有集合的集合的概念。例如，如果我们的集合是书的话，那么图书馆的目录就可以被认为是所有集合的集合。这份目录本身也可能是一本书，因此同时也是所有书的集合的成员，但它不必是——它可以是一张 CD 或是索引卡的集合。

  罗素要求我们去仔细思考那些不是其中成员的所有集合的集合。这听起来很绕口，但无妨，直到你更加仔细地去验证它。假设你是这个集合的成员，那么根据定义，你不是它的成员。如果你不是它的成员，那么根据推断你就是！更具体地说，罗素假设有个理发师，他给所有不给自己刮胡子的人刮胡子，谁给这个理发师刮胡子①？这就是著名的罗素悖论。

  这种类型的逻辑悖论可以扩展到这种情况，两个参与者彼此信任对方。假设他们一个叫爱丽丝，一个叫鲍勃。想象一下：

---

① 假设这个理发师既不留胡子也不是女性。——原注

爱丽丝相信鲍勃假设：

爱丽丝相信鲍勃的假设是不正确的。

这是一个不可能的信任，因为如果爱丽丝相信鲍勃的假设是不正确的，那么她相信鲍勃的假设——即"爱丽丝相信鲍勃的假设是不正确的"是正确的。这意味着，爱丽丝不相信鲍勃的假设是不正确的，这违背了爱丽丝当初的设想。唯一的可能是爱丽丝不相信鲍勃的假设——"爱丽丝相信鲍勃的假设是不正确的"——是不正确的。这意味着，爱丽丝相信鲍勃的假设——"爱丽丝相信鲍勃的假设是不正确的"——是正确的。但这又产生了一个矛盾，因为这意味着爱丽丝并不相信鲍勃的假设是不正确的！

我们已经展示了一种信任，它在逻辑上是不可能被认同的。这个难题意义深远。它意味着如果我们使用的语言包含简单的逻辑，那么在这种语言中就总是存在着一些语句不可能始终保持一致。在上面我们看到的爱丽丝和鲍勃彼此相互信任的情况下，必定有某个以你的语言能表述的信任，以你而言，对别人（或是神，也许）不可能有这种信任①。语言的使用者能够思考或谈论这些不可能的信任，但不能拥有它们。

这个困境也在一些诉讼案中出现，这些案件中陪审员为结果评估概率会视其他信息而定。他们会发现得出一个结论，假定他们接受了概率的证词，那判定有罪就是逻辑上不可能的。通过引进关于基础条件概率的辅助材料作为补救办法，被英国法律系统拒绝了，尽管它们在美国被接受了。

---

① 布兰登布格尔（A. Brandenburger）和凯斯勒（H. J. Keisler），"关于信任的一个不可能定理"（An Impossibility Theorem on Beliefs），《博弈，世界的方法Ⅱ：可能的世界和相关概念》（*Games, Ways of Worlds* Ⅱ：*On Possible Worlds and Related Notions*），亨德里克斯（V. F. Hendricks）和佩德森（S. A. Pedersen）编辑，《逻辑研究》（*Studia Logica*）特辑，84，211（2006）。——原注

静电复印术——似曾相识的感觉又来了

中小学教师、大学讲师和教授曾一度很失望，因为学习已经被复印所取代。谁制造了第一台复印机，并使这个消耗纸张的家伙大行其道？

罪魁祸首是美国专利律师及业余发明家卡尔森（Chester Carlson）①。1930年从加州理工学院物理系毕业后，卡尔森无法找到一份稳定的工作，而他的父母由于长期贫困，健康状况不佳。深受美国经济萧条的重创，卡尔森不得不接受他能得到的任何工作。结果是他在马洛里电池公司的专利部门待了一段时间。急于尽可能获得任何机会，他曾在夜校获得法律学位，并很快被提升为整个部门的经理。从那时起他开始感到沮丧，因为从未有足够的专利文件的副本可供所有需要的部门使用。他所能做的就是将这些文件送出去拍照——那是很昂贵的——或者手抄复制出来——一个令人反感的任务，因为会带来视力的衰退和关节炎的痛苦。他必须找到一种便宜的、减少痛苦的方式来制作副本。

没有一个简单的答案。卡尔森花了一年里最好的一段时间研究各种凌乱的摄影技术，直到在图书馆搜索时发现了最近由匈牙利物理学家塞伦伊（Paul Selenyi）发现的"光电导性"的新特性，当光照射到特定材料表面时，其电子

---

① 在卡尔森的发明之前，机械文档复制具有悠久的历史。——原注

流——电导率——增加。卡尔森意识到，如果一张图像或一段文字被照射到光导材料表面上时，电流会通过较亮的区域，而避开较暗的印刷区域，这样就能生成一个原图像的电子复制版。他在其位于纽约皇后区的公寓的厨房里搭了一个临时家用电子实验室，通宵达旦地运用大量技术尝试在纸张上复制图像①。被妻子从厨房赶出后，他将实验室搬到了阿斯托利亚附近他岳母的一家美容院。他的第一次成功复印于 1938 年 10 月 22 日在那里实现。

卡尔森在锌板上涂上一层薄薄的硫黄粉，并在显微镜载玻片上用黑色墨水写上"10－22－38 阿斯托利亚"。打开灯，用手帕摩擦硫黄使其充电（如同我们用气球在羊毛衫上摩擦一样），然后将载玻片的硫黄在强光下照射几秒钟。他小心翼翼地移开载玻片，再用石松真菌粉覆盖在硫黄表面，然后再将它吹开以显现出复制的图像。图像用热蜡纸固定，使得冷却的蜡能够凝结在真菌孢子周围。

他戏称自己的新技术为"电子照相"，并努力试图将它推销给企业，包括 IBM 和通用电气，因为他没有进一步研发的资金了，但没有企业对此表现出一丝兴趣。他的装备太不方便，而且处理过程也太复杂和混乱。无论如何，大家都说复写纸就挺好！

直到 1944 年，俄亥俄州哥伦布市的巴特尔研究所，与卡尔森接洽并和他签订了合资协议，以商业化改进他粗糙的处理过程②。

3 年后，总部位于罗切斯特的相纸制造商哈罗伊德公司，购买了卡尔森的发明并计划将他的复印设备推向市场。与他达成的协议中，第一个改变就是放弃卡尔森给这个方法命名的烦琐名字，用俄亥俄州立大学的一位古典学教授推荐的"静电复印"取代了"电子摄影术"。它的词源是希腊语，字面的意思是"干写"。1948 年，哈罗伊德公司将这个名称缩写为商标"施乐"。"施乐复印机"的

---

① 他于 1937 年 10 月申请第一个专利。——原注
② 卡尔森的材料得到改善。硫黄被一个更好的光电导体硒所取代；石松粉被铁粉和铵盐的混合物所取代，这样可使最终的复印件更清晰。——原注

营销很快就获得了商业成功,1958 年该公司更名为哈罗伊德施乐公司就反映了这一点。施乐 914 型,1961 年的新机型,第一次使用普通纸张,在当时极为成功,他们将公司名称中的哈罗伊德完全去掉,直接称为施乐公司,那一年的收入达到 6 千万美元,到 1965 年,收入已达到惊人的 5 亿美元。卡尔森变得富可敌国,但他把自己收入的三分之二投入慈善事业。他的第一次光电复印在整个世界的常规工作中引起了一个不为人知但了不起的改变。信息传递从此改变。图片和文字现在可以被复制了。

设计更美观
的页面

简单、廉价的电脑和打印机的出现已经彻底改变了我们制作一个有吸引力的文档的能力。轻按几个键,我们除了能够做一些修改,还能改变字体、行间距、字体大小、颜色和布局,然后在各种可能的媒质上打印之前还可以"预览"文档。每一次都可以有一个崭新的、清晰的副本。现在这些做起来如此容易,以致我们忘记了(或者你太年轻而不知道)在计算机时代到来之前文档的设计及书籍的印刷是多么艰辛。

制作出美观悦人的文本页面的愿望在很早以前就是一个重要的考虑因素。在后古腾堡时代,誊写员和排版工人主要考虑的是页面的形式:页面面积与书写面积的比例,以及四周页边空白的大小。这些比例必须被精心选择以创作一个有视觉吸引力的布局。早年除了如何选择容易实现的纯粹实际问题外,毕达哥拉斯希望的特殊数的和谐性也会反映在这些距离的比例中。

假设页面的宽度(W)和高度(H)之比为$1:R$,其中对于纵向页面 R 大于 1,但对于横向页面,则 R 小于 1。有一个很好的几何结构,将在页面上产生一个文本布局,其中内缘(I)、外缘(O)、顶部(T)和底部(B)页边距的比例为

$$I:T:O:B = 1:R:2:2R。$$

请注意整个页面的比例(高度/宽度$=R$)与文本区域的比例相同,因为

$$文本高度/文本宽度 = (H - T - B)/(W - O - I) =$$

$$(RW - RI - 2RI)/(W - 2I - 1I) = R。$$

书页设计中这些比例的秘诀或"标准"[1]在中世纪似乎是商业秘密。不同的传统也反映在纸张尺寸变量 R 的特定选择上。较受欢迎的一种纸张的高宽比为 $3:2$，即 $R = \dfrac{3}{2}$。四周页边空白因子将以 $I:T:O:B = 1:\dfrac{3}{2}:2:3$ 的比例构建。更具体地说，

这意味着如果内缘页边空白宽度为 2，那么顶部页边空白宽度将为 $\left(\dfrac{3}{2}\right) \times 2 = 3$，外缘页边空白宽度将为 $2 \times 2 = 4$，而底部页边空白宽度则为 $2 \times 3 = 6$。

下图是针对两页并排的匀称页面布局设计中的一个简单的配比关系[2]。也有人提出类似的设计，是在中世纪使用过的简单结构[3]。这些都显示了对于出版人员仅仅使用一条直边设计页面是多么直截了当。

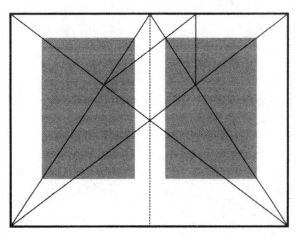

① 奇希霍尔德(J. Tschichold)，《书的形式》(*The Form of the Book*)，哈特利和马克斯出版社，温哥华(1991)。——原注
② 这幅图是由范德格喇夫(J. A. Van de Graaf)设计的，奇希霍尔德进行过讨论，见《关于设计的新计算》(*Nieuwe berekening voor de vormgeving*)，见 Tété, pp. 95 – 100，阿姆斯特丹(1946)。——原注
③ 埃格(W. Egger)，《求助！排版领域》(*Help! The Typestting Area*)。——原注

先分别画出从左页左下角、右页右下角到同一页面及到另一页面对角的 4 条对角线,然后在右页面两条对角线的交点处画一条垂线到页面顶部,有一个垂点,再连接此垂点与左页面对角线的交点。注意这条线与右页面左上角到右下角的对角线的交点。这个交点给出这页的顶部页边空白的距离。水平顶部页边与 4 条对角线交叉得到的 4 个点给出了 2 个页面文本区域的顶边。这个交点也确定了内缘页边空白线。从确定外缘页边的点向下画一条垂线,它与对角线的交点给出了底边。该图显示了产生 $R = 3/2$ 布局的 6 条线的先后顺序,在这种情况下,I 和 O 分别等于页面宽度的 $1/9$ 和 $2/9$,而 T 和 B 是页面高度的 $1/9$ 和 $2/9$。由此产生的打印和页面面积也是相同的比例①。这些原理仍然继续为现代书籍设计②更为复杂的可能性以及计算机自动布局控制提供信息。

---

① 马克斯(S. M. Max),《数学与艺术杂志》(*Journal of Mathematics and the Arts*),4,137 (2010)。——原注

② 亨德尔(R. Hendel),《关于书的设计》(*On Book Design*),耶鲁大学出版社,纽黑文,康涅狄格州(1998)。——原注

寂静的声音

2012 年 3 月 6 日，艾瑙迪（Ludovico Einaudi）和我在罗马公园音乐厅做了一个关于"真空的音乐"的演讲。我谈到了在科学和音乐中古代和现代的真空概念，以及数学中的零的概念；而艾瑙迪则演奏了一段钢琴曲，表现了音乐作品和演奏中的休止及节奏的影响。

谈到"无"和音乐，不能不提到凯奇（John Cage）的著名的《4 分 33 秒》，艾瑙迪在罗马音乐厅前无古人地演奏了这个作品。这个作品是在 1952 年完成的——总谱上说"可用于任何乐器或乐器组合"——三个乐章，由 4 分 33 秒的休止组成。凯奇指出这些乐章可以是任何长度，而 1952 年 8 月 29 日由钢琴家都铎（David Tudor）在纽约州伍德斯托克音乐节上首次演奏它时选择的长度为 33 秒、2 分 40 秒和 1 分 20 秒。

艾瑙迪跟着凯奇的指挥，一动不动地坐着，在每一个乐章的过程中，手指悬在琴键上，在结束时关上了钢琴的琴键盖，到下一乐章时重新打开琴键盖。我复制在下面的原始曲谱读起来很简单：

I

休止

II

休止

III

休止

"休止"(无声)的音乐符通常是用来表明某个特定的乐器在这段乐曲中不演奏,但在这里它表示没有人在这段乐章的任何时间做任何动作。

观察听众对这4分33秒休止的反应是一件很有趣的事。完美的无声是不可能创造出的,总有持续的低低的嗡嗡声、咳嗽声和偶尔的窃窃私语。然而,超过1分钟后,随着一些听众向越来越大声并且范围越来越广的说笑声屈服,声波的入侵变得更加显著了。当我们无奈地意识到我们未能维持所需的无声,也许这就是我们从凯奇这里得到的教训。

反思失败的原因时需要做一些解释。说无声很难实现固然没错,总会有环境背景噪声,但在许多其他场合我们确实做得更好。坐在考场里,或参加一个特拉普派修道院或神圣教堂的纪念仪式,你会体验到近似完全无声,比这个音乐作品好得多。为什么? 我认为答案是,凯奇是在寻求没有原因没有目的地强加的无声。他并不是为了完全专注地集中在某件事上而排除噪声。当这种专注缺乏思绪时,寂静就无法进行了。

最终,凯奇的作品与科学的联系是什么呢? 有没有科学的联系呢? 再让我们看看这个曲名给出的不同寻常的无声长度。4分33秒是273秒,对于一个物理学家,这个数具有共鸣意义。绝对零度是 $-273\ ℃$。在这个温度时,所有的分子都停止运动。没有任何举动能够使温度更低了。凯奇的作品定义了声音的绝对零度。

最不一般的
蛋糕配方

　　冰激凌婚礼蛋糕真是一种艺术，表面必须光滑但又足以支撑上面的蛋糕层，细腻的糖冰花又必须与新娘的捧花颜色相匹配。我们将要讨论烘焙和冰制一个非同寻常的婚礼蛋糕。它有许多层，每一层都是一个单位高度的实心圆柱体。当我们从第一层往上走，到第二层、第三层，直到第 n 层，尺寸越来越小。如果首层的半径为 1，则第二层的半径为 $1/2$，第三层的半径为 $1/3$，直到第 n 层的半径为 $1/n$。

　　一个半径为 r，高度为 1 的圆柱体的体积为 $\pi r^2 \times 1$，因为它是面积为 πr^2 的圆堆积到高度 1。这个圆柱体的外侧表面积是一个周长为 $2\pi r$ 的圆周堆积到高度 1，所以等于 $2\pi r \times 1$。因此，这个特殊蛋糕第 n 层的体积为 $\pi \times (1/n^2) \times 1 = \pi/n^2$，并且它的外侧表面需要被冰化的面积为 $2\pi \times (1/n) \times 1 = 2\pi/n$。这只是第 n 层的体积和表面积。要制成共 n 层的全部蛋糕，我们必须把每一层 $(1,2,3,\cdots,n)$ 的体积和面积加起来。

　　现在想象一个非同寻常的蛋糕：一个有无限层的蛋糕。它的总体积将是无限层体积的总和：

$$总体积 = \pi \times \left(1 + \frac{1}{4} + \frac{1}{9} + \frac{1}{16} + \cdots \right)$$

$$= \pi \times \sum_{n=1}^{+\infty} \left(\frac{1}{n^2} \right) = \frac{\pi^3}{6} = 5.16。$$

这个无限项之和的了不起之处就在于,它是一个有限数。逐项数的大小迅速减小致使这个级数收敛于 $\pi^2/6$,近似 1.64。我们只需要有限的蛋糕材料就能制作出一个无限层数的婚礼蛋糕[①]。

接下来,我们要给它上冰了。为此我们需要知道要制多少冰,因此我们应该计算总表面积(我们将忽略在每一层顶部由上一层放置而留下的宽度为 $\frac{1}{n}$ − $\frac{1}{n+1}$ 的环形面积——你很快就会知道为什么这么做不要紧)。需要上冰的总面积是无限层蛋糕的表面积的总和:

$$总表面积 = 2\pi \times \left(1 + \frac{1}{2} + \frac{1}{3} + \frac{1}{4} + \cdots \right) = 2\pi \times \sum_{n=1}^{+\infty} \left(\frac{1}{n} \right)。$$

这个和是无限的。项为 $\frac{1}{n}$ 的级数不能够收敛于一个有限结果。当总和中包括足够多的项时,我们总可以使结果无限大。这很容易看出来[②],因为这个级数之和一定大于下面这个级数:$1 + \left(\frac{1}{2} \right) + \left(\frac{1}{4} + \frac{1}{4} \right) + \left(\frac{1}{8} + \frac{1}{8} + \frac{1}{8} + \frac{1}{8} \right) + \cdots$,"$\cdots$"中下一个将包含 8 个 $\frac{1}{16}$,而再下一个将包含 16 个 $\frac{1}{32}$。因此每个括号里的项的总和为 $\frac{1}{2}$。这显然是将有无限多个项,因此级数的总和等于 1 加上无限个 $\frac{1}{2}$,

---

① 我们的蛋糕设计也将使我们可以构建一个无限高的建筑,其重量(与它的体积成正比)不会变成任意大。任意大的重量会使它底部基座的分子键破裂,导致建筑坍塌或下沉。——原注

② 这个证明是在 14 世纪由奥雷姆(Nicole Oresme)首先发现的。——原注

仍是无限的。我们的总和大于它,因此也一定有个无限大的和:无限层蛋糕的表面积也将是无限的(这就是我们不必加上那些每层顶部的圆环制冰面积的原因)。

这个结果非常令人震惊①,完全违反直觉:我们的无限层的蛋糕配方要求做一个有限体积的蛋糕,但它永远不会被上冰,因为它具有无限的表面积!

---

① 在实际中,我们不能做一个有任意多层数的大小递减的蛋糕。如果我们允许每层减小一个 10^{-10} 米的原子大小,底层半径为 1 米,那么第 10 亿层将为一个原子的大小。——原注

过山车轨道的设计

你有没有乘坐过轨道为"泪滴形"的过山车？它带你进入一个环圈，到顶部再回下来。你可能会认为那条弯曲的路径是一个圆弧形轨迹，但事实绝不是那样。如果乘客到达顶部时有足够的速度来避免从车里掉下来（或至少避免仅仅靠安全带支撑着），那么当乘客重返底部时所感受到的最大重力会变得非常大。

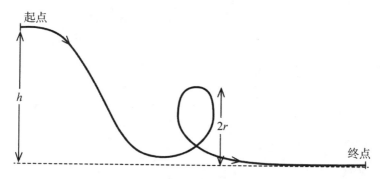

如果环圈是一个半径为 r 的圆，有一辆满载的质量为 m 的过山车，让我们看看会发生什么。这辆车将会在离地面高度为 h（h 比 r 大）的位置轻轻启动，然后大坡度地下冲到环圈的底部。如果我们忽略任何作用在这辆运动着的车上的摩擦力或空气阻力，则它到达环圈底部时的速度为 $V_b = \sqrt{2gh}$。然后它会升到环圈的顶部。如果到达顶部的速度是 V_t，那么它需要 $2mgr + \dfrac{1}{2}mV_t^2$ 的能量以克服重力上升到垂直高度为 $2r$ 的环圈顶部,并以速度 V_t 到达。由于运动的总能量不能被创造或被消灭,我们必须满足如下条件(车的质量 m 在各项中被抵消掉了):

$$gh = \frac{1}{2}V_b^2 = 2gr + \frac{1}{2}V_t^2 。 \qquad (*)$$

在圆形环圈的顶部,乘客受到向上的使他免于从车里掉落下来的净推力,是沿半径为 r 的圆周运动产生的向上推力减去乘客本人向下的重力。因此,如果乘客的质量为 M,则

$$在顶部的向上净推力 = \frac{MV_t^2}{r} - Mg 。$$

这个力必须是正值,以避免乘客掉落下来,因此 $V_t^2 > gr$。

回顾方程式($*$),这就告诉我们,我们必须保持 $h > 2.5r$。所以如果你仅仅利用重力从起始点滑下来,你必须从高度至少大于环圈半径 2.5 倍的地方开始,才能使你有足够的速度到达环圈顶部而不从座位中跌落出来。但这里就有一个很大的问题,如果你从那么高的高度冲下来,那么当你到达环圈底部时,你的速度为 $V_b = \sqrt{2gh}$,这个速度大于 $\sqrt{2g \times 2.5r} = \sqrt{5gr}$。因此当你从圆弧底部开始运动时,你会感受到一个向下的力,这个力等于你的重量加上圆周运动的离心力,即:

$$在底部向下的净力 = Mg + \frac{MV_b^2}{r} > Mg + 5Mg = 6Mg 。$$

因此,在底部乘客感受到的向下净力会超过其体重的 6 倍(一个 $6g$ 的加速度)。大多数乘客,除非他们是退役宇航员或穿着重力加速度防护服的优秀飞行员,否则都会因这个力失去意识,因为这时只有很少量的氧气能够供应到大脑。通常情况下,儿童乐园的儿童乘客要保持低于 $2g$ 的加速度,而对于成人,加速度最高在 $4g$。

在这种情况下,似乎环形轨道是不可能实现的,但如果我们更仔细地研究这两个条件——在顶部有足够的向上的力以避免掉落,但又要避免在底部感受致

命的向下的力——有没有一个方法通过改变过山车轨道的形状来满足这两个约束条件呢?

当你以速度 V 通过一个半径为 r 的圆,你将感受到的离心加速度为 V^2/r。圆的半径 r 越大,亦即圆的曲线越缓和,你感受到的加速度越小。在过山车轨道顶部时的加速度 V^2/r 通过克服你向下的重力 Mg,使你免于跌落出来,因此我们希望它足够大,这就意味着在顶部 r 应该足够小。另一方面,当我们在底部时,离心力产生了额外 $5g$ 的加速度,所以我们可以通过一个更缓和的圆,即更大的半径来减小这个加速度。这可以通过将过山车轨道变成一个高度大于宽度的泪滴状来实现,所以它看起来有点像两个不同的圆弧部分,较小半径的圆弧形成上半部分,而较大半径的圆弧形成下半部分。这种看起来最合适的曲线被称为"回旋螺线",当你沿着它运动时,曲率随着移动距离成比例减小。

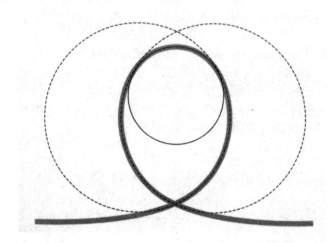

这种模型在 1976 年由德国工程师施滕格尔(Werner Stengel)在加利福尼亚六旗魔山主题公园的"革命"号曲线运动项目中首次引入过山车轨道的设计。

宇宙之初，
电视直播

20 世纪最伟大的发现之一就是找到宇宙诞生时遗留下的明显残余热辐射——所谓的"大爆炸的回声"。就像任何大爆炸一样，如果你在稍后的日子里勘查爆炸现场，你也期望发现辐射尘埃。就宇宙膨胀而言，辐射无处可逃。它总是存在的，随着宇宙的膨胀而稳定地冷却下来。爆炸使光子的波长延伸，它们变得更持久、"更红"、更冷，且频率更低。现在，这个温度非常低——大约比绝对零度高 3 ℃，大约 −270 ℃——而辐射频率位于无线电波段。

这个辐射是 1965 年由彭齐亚斯（Arno Penzias）和威尔逊（Robert Wilson）在一次偶然中发现的，它在新泽西州贝尔实验室中以一个意外的噪声出现在一个非常灵敏的无线电接收器中，这个接收器被设计用来跟踪通信卫星回波。自彭齐亚斯和威尔逊的这个获诺贝尔奖的发现开始，这种宇宙背景辐射（CMB）已经成为具有关于宇宙历史和结构的最精确的信息源。太空研究机构投入大量的资源来映射整个天空的温度和其他特性，并使用卫星运载的接收器来消除地球大气层对探测的影响。

鉴于宇宙背景辐射对我们理解宇宙的结构和历史有非同寻常的重要性，我们可以坐在家中沙发上，在电视机前观察它。

老式电视机接收由电视广播公司发出的无线电波，而全世界不同的电视广播公司使用不同的频率范围。那些使用高频的(VHF)频率为40—250兆赫,而那些使用超高频的(UHF)频率为470—960兆赫。

当你将电视机调到接收某一电视台的精确频率时(例如,英国BBC2的频率是54兆赫,所以这些无线电波具有5.5米的波长),电视机将无线电波中的信号转换成声音和图像信息。频道频率相隔6兆赫以避免互相干扰。然而,如果你的接收设备不够灵敏,或如果你调到一个不存在的频道,屏幕将会被一种熟悉的"雪花"覆盖。这就是从各种干扰采集到的噪声,当接收设备没有调到强信号时,这种噪声就会很明显。值得注意的是,老式电视机上大约1%①的"雪花"干扰是宇宙起源时的宇宙背景辐射。虽然宇宙背景噪声的无线电频谱的峰值频率接近160吉赫,它在从100兆赫到300吉赫的很大范围内有显著的能量。

唉,你成为悠然自得的宇宙学家的机会稍纵即逝。许多国家开始了从模拟电视信号向数字系统的转换,我们的电视机将接收的二进制数字信号转换为声音和图像,而不是接收大爆炸时期的无线电波将其转化成图像。在老式的电视机里,你需要一个数字解码器(数码盒)将数字信号转换成老式电视机能够识别的语言。如果你拔掉这个盒子,你仍然可以接收到"雪花"的干扰,其中1%是宇宙背景辐射的无线电信号。但如果你用的是新式的数字电视机,那么你成为一个宇宙学家的机会就已经消失了。

---

① 大约3开尔文除以约为290开尔文的天线温度,近似1.03%。——原注

应对压力

　　如果你正在构建任何要经受压力的装置的话,有尖锐的角是个坏消息。环顾你的房子,灰泥和砖墙中的小缝隙往往都是从角落处开始的。边界的曲率越大,必须承受的压力就越大。这就是为什么大教堂随着哥特式拱门的发明才在建筑上成为可能,哥特式拱门能够沿弯曲的结构传播压力而不是在直角门处承受压力。这使得建筑可以建得更高,而没有在尖角处发生结构坍塌的危险。中世纪的石匠很早就吸取了这个教训,从而能够以相对安全的方式建造更高、更大的建筑物。

　　这种古老的智慧缓慢地渗透到现代技术的某些部分。1954 年,两架由哈维兰公司制造的新型"彗星"客机在飞行中解体,56 人丧生。利用舱内加压进行大量调查后,发现窗户是最先破裂的薄弱点。客舱中窗户的形状是方形的,而在飞行员座舱中,窗户则形如后掠平行四边形。尖锐的边角集结了压力,造成了飞机的破裂。解决方案非常简单:将边角打圆滑。今天,飞机上所有的窗户都是圆弧形的边能更均匀地分散压力,避免高曲度的(即尖锐的)边角产生,因为这种地方压力非同寻常地大。其他主要的飞机制造商在"彗星"客机空难以前没有注意到这个问题,并感激在悲剧向他们袭来之前可以采用这一简单的改进方法。有时,优雅的线条并不是纯粹为了美。

艺术是临界的

人类善于在规定的范围内发现所有的创举——在一个矩形框架内绘画,写一首抑扬格五音步或十四行诗。科学家常常喜欢研究创新是如何发生的,它获得了什么,还能到哪里去寻找灵感。许多艺术家都对科学家的分析感到紧张。他们害怕这个研究成功,担心如果他们艺术工作的心理根源及对我们的影响被挖掘暴露,艺术就会失去它的力量,或是会减弱。他们这样的担心甚至是正确的。肆无忌惮的简化论——音乐什么都不是,只不过是空气压力曲线的痕迹——是令人惊讶的非常普遍的世界观,不应予以任何鼓励。然而,我们也发现了同样错误的相反观点,科学对艺术没有任何贡献:艺术超越了所有试图去客观地捕捉它们的企图。事实上,许多科学家认为艺术创作完全是主观活动,但仍然享受这个过程。

随着科学已经开始认真对待复杂性的研究,这很自然地会遇到艺术创作的问题,如音乐或抽象艺术,因为其中一些有趣的东西以让我们觉得有吸引力的形式来告知我们复杂性的发展。威尔逊(E. O. Wilson)认为,科学和艺术之间的联系,当对它们都从复杂性的研究和欣赏有利的视角来评价时,可以做到最为接近:"对复杂不经简化的热爱便是艺术,对复杂简化了的热爱便是科学①。"

---

① 威尔逊,《论契合》(*Consilience*),克诺夫,纽约(1998)。——原注

复杂现象有一个很有趣的特征，它揭示了我们喜爱的关于最珍视的艺术的许多形式。如果让颗粒流垂直向下撒落到桌面上，它们会慢慢堆积长大。掉落的颗粒翻滚形成杂乱无章的轨迹。然而，不可预知的单个颗粒的掉落会平稳地构建一个大型有序的堆。它的周边逐渐变陡峭直到达到一个特定的斜率。此后，它不会变得更陡峭了。这个特殊的"临界"坡度将继续由各种规模的崩塌保持，有时是一两个颗粒的掉落，也有罕见的整个堆的某一侧崩塌。总之结果是惊人的。单个偶然掉落的颗粒自己形成了一个稳定、有序的堆。在这种临界状态中，整体的秩序是由单个颗粒轨迹的无序敏感性保持的。如果这个堆在一个开放的桌面上，那么最终颗粒将会以它们从堆上落下的速度从桌子边缘滑落。堆始终是由不同的颗粒组成的：它是一个短暂的稳定状态。

尽管存在单个颗粒轨迹的敏感性，堆的整体形状的稳固性仍然存在，并暗示我们所喜欢的许多艺术创作是什么。一本"好"的书，一部"好"的电影，或一段音乐作品是我们希望再次体验的。而"坏"的作品我们不想再次体验。为什么我们不止一次观看伟大的戏剧作品比如《暴风雨》(The Tempest)，或反复聆听贝多芬的交响曲？这是因为作品中的微小变化——不同的演员、新的导演风格或者不同的乐团和指挥家——为观众打造了一个全新的体验。伟大的作品对微小的变化很敏感，给予你全新的愉快体验，然而仍然保持整体的秩序。它们似乎表现出一种临界性。这种可预测和不可预测的组合似乎让我们觉得很吸引人。

烹饪艺术

　　圣诞节期间,在报纸和杂志上有很多烹饪文章,介绍如何最好地为欢度节日烹饪一只大火鸡或者一只鹅。有些文章甚至会借鉴古老的、备受尊崇的烹饪书,比如《比顿夫人》(*Mrs Beeton*)。对于大多数厨师,最关键的问题是烹饪时间。这点弄错了,所有其他的花样都无法打动进餐者。

　　最棘手的是,对烹饪时间的建议有那么多,似乎没有两个是相同的。这里有一个建议:

　　开始温度160℃:

　　8 到 11 磅①重的火鸡烤 2.5 至 3 小时。

　　12 到 14 磅重的火鸡烤 3 至 3.5 小时。

　　15 到 20 磅重的火鸡烤 3.5 至 4.5 小时。

　　以上每一个的后续步骤是,在温度220℃下烤30分钟成焦黄色。

　　这个建议在数学上很奇怪,因为对于 11 磅或 12 磅的火鸡,烹饪时间都为 3 小时。同样地 14 磅或 15 磅的火鸡都被指定为 3.5 小时。

　　英国火鸡信息服务机构(BTIS)提供了更详细的建议和使用的度量单位。

---

① 　1 磅相当于 0.45 千克。——译注

质量小于 4 千克，每千克烤制 20 分钟，然后在最后再加上 70 分钟烹饪时间。

质量超过 4 千克，每千克烤制 20 分钟，最后再烹饪 90 分钟。

甚至有一个计算公式请你输入质量，它会给出需要烹饪的时间和一个从 2 千克到 10 千克的时间表。

BTIS 对于加有填料重 W 千克的火鸡的烹饪时间 T（以分钟计）的这些建议，由以下两个公式提供：

$T_1 = 20W + 70, W < 4$

$T_2 = 20W + 90, W > 4$

这些公式看起来可疑。如果我们让质量趋于 4 千克，则 T_1 趋于 150 分钟，但 T_2 趋于 170 分钟。烹饪时间的建议缺乏一个关键的数学性质——连续性。T_1 和 T_2 的值应该在质量趋近于 4 千克时是相同的。更糟糕的是，当质量趋近于 0 时，公式仍然给出 70 分钟的烹饪时间！这是一个严重的错误。

美国国家火鸡联盟给出加填料的火鸡的烹饪时间。它们给出了间隔变化很大的质量范围，并且与 BTIS 对于质量大于 4 千克的火鸡的计算公式不一样。

面对这个不同的意见，我们有没有某种方法可以计算出随着质量增加烹饪时间的趋势是什么的办法呢？烹饪需要热量从火鸡的外表面传递到内部，从而将内部温度提升到一个足够高的水平使蛋白质变性。热量扩散是一个有着数学家称之为"随机行走"特性的随机过程。热量以每一步等长的过程点到点传递，散射粒子传递热量的下一步方向是随机选择的。其结果是热量在两个相距 N 步的点之间传递的时间不是与 N 成正比，而是与 N^2 成正比。假设我们有一个球形的火鸡，它的半径是 R，它的体积与 R^3 成正比，如果假设它有一个相当恒定的密度，那么它的质量 W 也与 R^3 成正比。热量从边缘向中心扩散所需的时间 T 将与火鸡半径的平方 R^2 成正比。所以简单的论证告诉我们，火鸡的烹饪时间 T 将与 $W^{2/3}$ 成正比。

质量/千克	时间/小时
8—12	3—3.5
12—14	3.5—4
14—18	4—4.25
18—20	4.25—4.75
20—24	4.75—5.25
24—30	5.25—6.25

换句话说,作为一个方便的经验法则,所需要的烹饪时间的三次方与火鸡质量的平方成正比。

曲边三角形

有一个特别令人喜爱的、需要花点心思回答的问题,几年前很受一家 IT 公司面试官追捧,这就是:"为什么井盖是圆的?"许多其他有盖的、上面开口的物品也以同样的形式被问到。当然,不是所有的井盖都是圆的,但对于为什么圆形盖子是个好主意这个问题,有一个有趣的一般原因。无论你向何种方向放置圆形的井盖,它都具有相同的宽度①,而且它不会穿过井口掉入井内黑暗的深处。具有恒定宽度的圆可以轻松地沿着平坦的表面滚动而方形或椭圆形则不行②。这些显然都是很好的属性,而且它还具有其他的设计优势,因为它容易制造。

19 世纪的德国工程师勒洛(Franz Reuleaux)是一个伟大的开拓者,他影响了我们对机械及其结构的理解③。他发现了圆形的意义:圆具有恒定宽度且能够平稳滚动。举一个最简单的例子,现在被称为勒洛轮或勒洛三角形的,是一个曲边三

---

① 任何形状的覆盖物的宽度其定义是接触到相对两侧边缘的两条平行线之间的距离。——原注
② 一个正方形,或其他正多边形,可以沿着一条不平坦的路平稳滚动。用一个方形轮胎,你可以在一条倒置悬链线形状的路上平稳行进。见巴罗的《100 个生活中的数学问题》(*100 Essential Things You Didn't Know You Didn't Know*),上海科技教育出版社,第 64 篇。——译注
③ 勒洛,《机械运动学》(*Kinematics of Machinery*),菲韦格和佐恩出版社,不伦瑞克(1875),卷 1 和卷 2。——原注

角形。它是很容易构造的。从一个等边三角形开始,然后画三条圆弧,每条圆弧以三角形的一个顶点为中心,圆弧的半径等于三角形的边长。如果圆弧的起点和终点是三角形相邻的两个顶点,则它们围成一个曲边三角形,这个三角形宽度恒定等于任何一条边,因为任一曲边上的所有点到三角形对角顶点的距离都相等①。

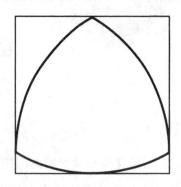

这种形状的井盖绝不会落入井中。这种情况可以推广到那些圆弧加在任意奇数边正多边形上的形状。在多边形边数变得非常大的极限情况下,生成的形状看上去像一个圆。

勒洛三角形的尺寸利用基本三角学就可以简单计算。如果等边三角形的边长,即圆弧的半径及其恒定宽度是 w,那么勒洛三角形的面积为 $\frac{1}{2}(\pi-\sqrt{3})w^2$。如果我们用宽度为 w 的圆盘,则其面积为 $\frac{1}{4}\pi w^2$。这表明,如果你需要制作一个固定宽度的井盖,你采用勒洛三角形截面而不是圆形截面可以更经济地利用材料,因为 $\frac{1}{2}(\pi-\sqrt{3})=0.704$,比 $\frac{1}{4}\pi=0.785$ 小②。这些曲边三角形偶尔作为装

---

① 画四个球面,它们的球心分别位于正四面体的四个角,这不能形成三维空间里的一个等宽表面。得到的图形并不是一个等宽表面:在整个表面会有2%的宽度变化。如果你试图让一个平衡在三个在台面上滚动的球体上的平面圆盘运动,那么就会有非常轻微的颤动。——原注

② 可能的恒定宽度曲边形有无限多个,有些角比较尖锐,有些角比较圆钝。勒洛三角形对于它的宽度具有最小的面积。——原注

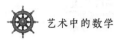

饰品被看到,如小窗、啤酒杯垫等。

英国读者对曲边七边形想必一定很熟悉。它是 20 便士和 50 便士硬币的形状。其固定宽度的特点在节约金属材料以及制造能够在自动售货机上使用的形状上都有优势。英国十进制钱币之前的老"三便士"硬币既不是圆形的,也不是固定宽度的——它有 12 条边,到对边的跨距是 21 毫米,而到对角的跨距是 22 毫米。

勒洛三角形以及相关的曲边多角形的最后一个很好的特征是,通过旋转它们,可以得到与正方形非常近似的形状。

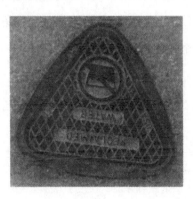

勒洛三角形可以在一个正方形的边界内自由旋转,正方形的边长与曲边三角形的固定宽度相等。它正好合适,没有多余的空间。这意味着一个形状像勒洛三角形的钻头几乎能够开出一个方孔,如果你让它旋转足够长的时间。我说"几乎"是因为在角落处总是会留下很小的弯曲部分,这个钻头最终只能描绘出正方形边界内面积的 98.77%。如果我们旋转勒洛曲边多角形(多于三个边),我们就能钻出一个直边多边形,它比被旋转的曲边多角形多一条边。所以,正如旋转曲边三角形能够产生一个正方形一样,旋转一个曲边七角形(英国的七边形 50 便士硬币)将能够产生一个几乎直边的八角形孔。你真的可以在一个方孔内钉一个圆钉……嗯,差不多。

唉,有一个缺点使得用这些形状作钻头变得复杂,且使得它们肯定不会被用于自行车的轮子。尽管它们能够很好地旋转描绘出一个正多边形的区域,但它们不是围绕着一个单一的中心旋转。在由勒洛三角形描绘出"几乎"正方形的例子里,旋转轴随着三角形的转动而摆动,沿着一个椭圆形的四侧产生了一个近乎正方形的形状①。在工程实践中,这个问题通过发明一种特殊类型的适应颤动的移动卡盘来解决。但是一个形状像勒洛曲边三角形、围绕着固定轴旋转的自行车车轮不能在平坦的道路上保持恒定的高度。

回到我们开头的问题,勒洛曲边三角形和相关的曲边多角形都可以用作井盖而不会落入井中。用金属打造曲边三角形的井盖最经济,但圆形仍然具有最容易制造的优点。它可以简单地通过一个短促的转动在适当位置锁住,并且能够更稳定地对抗来自各个方向的压力。

---

① 它围成的面积为 $\left(4 - \dfrac{8}{\sqrt{3}} + \dfrac{2\pi}{9}\right)$ 乘以这个正方形的面积。参见瓦贡(S. Wagon),《数学在行动》(*Mathematica in Action*),弗里曼出版社,纽约(1991),pp. 52 – 54 和 381 – 383。——原注

一 周 的 日 子

　　英语中星期几的名称泄露了一段混乱的历史。有明显的天文名称,如日曜日(Sun-day)、月曜日(Moon-day)、土曜日(Saturn-day),而有些则是隐蔽的。它们源于巴比伦人古老的占星术周。那时有七个物体出没在古代的天空。以它们在天空中完成围绕我们一周所需的时间(地球年或日)降序排列,它们分别是:土星(929 年),木星(12 年),火星(687 天),太阳(365 天),金星(225 天),水星(88 天)和月亮(27 天)。它们的数目——七——也许是一周七天的来源。这是一个完全任意的时间分割,而不是受月球运动(它定义了"月")、地球自转(它定义了"日"),或地球绕太阳运动的轨道(它定义了"年")支配的。在其他文化传统中,一周有不同的天数:例如,古埃及人一周有十天,法国大革命时的领导者试图在公民中重新实施这样的一周而未能成功①。

　　这七个天体决定了一周星期几的名称。由于远离神圣罗马帝国的中心,有一些名称受到异教的影响。在英语里我们发现火曜日(Marsday)变成了 Tiw 日(战神日),因为罗马战神变成了北欧神话中的战神。水曜日(Mercury's day)(在

---

① 进一步的讨论,请参照巴罗,《巧妙的宇宙膨胀》(*The Artful Universe Expanded*),牛津大学出版社,牛津(2005,第一版 1995),p. 177 - 190。——原注

法语中仍然是 mercredi）从罗马神的名字变成北欧神话中相应的神的名字，Woden 日（主神日）；而木曜日（Jupiter's day）（法语中仍然是 jeudi）则依照北欧神话雷神的名字变成 Thor 日（雷神日）（在德语中为 Donnerstag，即 thunder 日）。金曜日（Venus's day）（法语中仍是 vendredi）变成 Friday，即 Fre 日，北欧神话中阳刚和成功的神。日曜日在北欧异教中保留了它在占星术中的名称，但在靠近基督教世界的中心，却变成了基督教的主，或礼拜（Lord）日。我们在法语（dimanche）、意大利语（domenica）和西班牙语（domingo）中仍能看到，占星术中土曜日（Saturday）被犹太人的安息日替换，例如 sabato（意大利语）或 samedi（法语）。

这七个天体的自然顺序是由它们轨道变化的周期而来的。那么为什么那个序列没有最终定义一周日子的顺序呢？人们认为部分是数学原因，部分是占星术原因。七个天体，土星—木星—火星—太阳—金星—水星—月亮的序列被用来确定哪个天体守护一天里的哪几个小时，第一天的第一个小时从土星开始。一天有二十四小时，所以你要将这七个天体的序列从头到尾轮三次，再将第二十二、二十三和二十四小时分别给土星、木星和火星，然后再移到下一个。太阳守护第二天的第一个小时。

再次以相同的方式运行这个序列，你会发现守护第三天第一个小时的是"月亮"，第四天的是火星，第五天的是水星，第六天的是木星，第七天的是金星。这是一个以七为基的模运算。除以七的倍数后的余数决定了守护下一天第一个小时的天体。

这每二十四小时一天的第一个小时的占星术守护天体序列决定了一周每天的名字序列，分别是土星（Saturn）、太阳（the Sun）、月亮（the Moon）、火星（Mars）、水星（Mercury）、木星（Jupiter）和金星（Venus）。这就是星期六（Saturday）、星期日（Sunday）、星期一（Monday）、星期二（Tuesday）、星期三（Wednesday）、星期四（Thursday）和星期五（Friday）的顺序。后四个名称受到北欧神话名字的转换。

　　法语仍然忠于它的占星术根源,把这个占星术的序列表达为 samedi 土星（周六）,dimanche 太阳（周日）,lundi 月亮（周一）,mardi 火星（周二）,mercredi 水星（周三）,jeudi 木星（周四）及 vendredi 金星（周五）,只有太阳接受基督教的转换,保留礼拜日的标签。

拖延的情况

现代社会对效率的极大追求似乎有一种观点,拖延总是不好的。企业家被描绘成富有进取心的人,总是尽可能快地采取行动,从不将决定推迟到下一次会议,没有等待观望的策略。一定要有行动的时刻:没有调查委员会深入调查情况,不必考虑所有的因素。

虽然还不是很清楚,拖延是不是总是不受欢迎。假设你的一个业务是付费完成一个大型任务,该任务的流程是费用随着时间越来越便宜,也许可以慢些支付或延迟开始支付的时间,因为将来整体成本可能会更便宜。

事实上,世界上最重要的行业就是这样。计算机处理正以不可阻挡的并且可预测的方式发展,它最早被英特尔的创始人穆尔(Gordon Moore)所认可。这种洞察力被编入一个叫作穆尔定律的经验法则中。该定律指出计算能力可以用一个给定的价格买到,这能力每 18 个月就翻一倍。这意味着计算速度 $S(t) = S(0) \cdot 2^{t/18}$,其中时间 t 是从现在($t=0$)开始以月计算。

让我们看看如果我们巨大的计算项目不是从今天开始而是延迟 D 个月,那时,S 从 $S(0)$ 增加到 $S(0) \cdot 2^{D/18}$,会发生什么。我们会问延迟月数 D 能到多大,前提是保证我们仍然能够在项目结束时完成和我们现在就开始做同样的计算量。答案是只要简单地把我们从现在就开始做所需的时间——我们叫作 A——

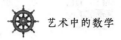

与我们延迟 D 个月再做所需的时间相等：

$$A = D + (A \times D \times 2^{-D/18})\text{。}$$

这就是在计划时间内完成工作的最长可拖延时间。令人欣慰的是，并不是每一个任务都可以延迟开始时间而在相同时间内完成的，否则我们可能永远不会着手做任何事情。目前只有计算任务可以通过推迟开始时间超过 $18/\ln 2 =$ $18/0.69 = 26.1$ 个月，来以更少的成本完成。目前任何需要少于 26 个月完成的项目最好立刻开始：没有未来的科技进步会使它更快完成。

从推迟得到益处的更大项目中我们可以看到，如果推迟其启动时间的话，生产力——通过处理量除以所需的时间来定义——能够得到好得多的结果①。

---

① 戈特布拉特（C. Gottbrath），贝林（J. Bailin），米金（C. Meakin），汤普孙（T. Thompson）和沙尔夫曼（J. J. Charfman）（1999），http://arxiv.org/pdf/astroph/9912202.pdf。——原注

钻石恒久远

　　钻石是一种非同寻常的碳,它们是最坚硬的天然材料,但它们最闪亮的特质是光学属性。这可能是钻石有一个很大的折射率,达到2.4(与之相比,水的折射率为1.3,玻璃的折射率是1.5),使得它具有这个特质。这意味着当光线穿过钻石时,以一个非常大的角度弯折(或"折射")。更重要的是,当光线以一个大于24度的入射角照到钻石表面时,光线将被全部反射而不穿过钻石。而光线通过空气照射在水面上被反射而不是穿过的角度是与垂线成大约48度夹角,玻璃是42度。

　　钻石也能以一种极端的方式表现色谱。就如牛顿(Isaac Newton)首先用棱镜完成的著名实验,它证明普通的白色光是由红、橙、黄、绿、蓝、靛、紫不同颜色的光波组成的光谱。这些不同颜色的光以不同的速度穿过钻石,以不同的角度被弯折(红色最小,紫色最大),就如同白色光穿过透明介质一样。钻石对颜色的最大和最小的折射角之间产生的巨大差别,被称为"色散"。当光线穿过一个被精心切割的钻石时,就产生了著名的改变颜色的"火彩"。没有其他宝石能有这样大的色散本领。对珠宝商的挑战是切割一颗钻石,使它能够尽可能地将光的亮度和色彩反射到观察者的眼中。

　　钻石的切割已经有数千年的历史了,但是对于我们所理解的如何最好地切割钻石,以及为什么这样切割最好,有一个人的贡献超过了任何人,他就是托克斯基(Marcel Tolkwsky)。他 1899 年出生在安特卫普一个经营和销售钻石切割刀具的家庭。他是一个有天赋的孩子,在比利时大学毕业后被送到伦敦帝国学院学习工程①。1919 年,虽然还是一名在校研究生,他就出版了一本了不起的书,名为《钻石设计》(*Diamond Design*),其中首次展示了对光线在钻石内部的反射和折射的研究,并且揭示了如何切割以得到最大的光辉和"火彩"。托克斯基对钻石内部光线的路径的简洁分析引领他提出一种崭新的"明亮""理想"的钻石切割方式,这就是当前为人们所青睐的圆形钻石切割方式。他考虑光线射到钻石的顶平面的路径,并寻求钻石背面和它成多少度角时光在第一次和第二次内部反射时就会被完全反射,这使得几乎所有通过钻石顶面的光又被笔直地反射回来,从而产生出最绚烂的外观。

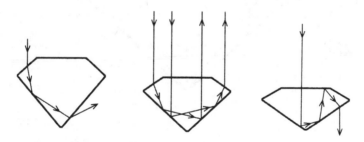

托克斯基继续考虑反射亮度和色谱散射之间的最佳平衡以及不同表面的最佳形状②。

托克斯基的分析,使用光线的简单数学关系,产生了漂亮的有 58 个面"明亮

---

① 他的博士论文是关于钻石的研磨和抛光的,而不是关于钻石外表的。——原注

② 托克斯基表明,要使光线射入第一个表面就产生完全的内反射,倾斜面与水平面的夹角必须超过 48°52′。第一次内反射后光线会射到第二个倾斜面,如果这个倾斜面与水平面的角度小于 43°43′,那么光线会被完全反射。为了使光线沿着一条接近垂直的线离开(而不是接近钻石表面),并且射出的光线有可能的最佳色散,最好的角度为 40°45′。现代切割技术可以通过少量偏离这些值以匹配不同钻石的特性和风格的变化。——原注

式切割法"的秘诀:一组在所需范围内的特殊比例和角度,使得当钻石在你眼前轻轻移动时,产生最壮观的视觉效果。但你可以发现其中更多的是几何原理,而不仅仅是满足眼睛的要求。

在下图中,我们看到托克斯基推荐的经典形状,在狭窄的范围里选择理想的切割角度,以呈现最优化"火彩"和明亮。图中显示了钻石各部位的(和它们的特殊名称)的比例,以钻石腰部直径(这是钻石最大直径)的百分比来表示①。

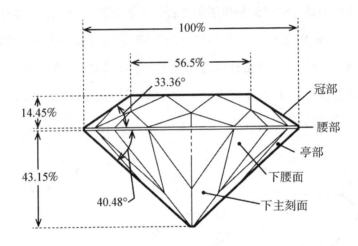

---

① 钻石腰部有一个小小的厚度,为的是避免产生锋利的边缘。——原注

你怎么涂鸦

百科全书上说:"涂鸦是一个人的注意力被其他事物占据,漫不经心时画的画"。这原本是对某些被认为极为愚蠢的人的相当贬损的描述,所以"胜利之歌"在美国革命之前是一首英国军队喜欢的贬义之歌。不过,很多人成为一名有创造性的艺术家的最近一步就是涂鸦。所有那些漫无目的的点点画画,是不是像一个伟大的抽象艺术一样自由地形成在废纸上?偶尔,我想知道它们是否真的如此漫无目的,我甚至注意到,在我和其他人的涂鸦中有一些共同的特征。是否有一种受到偏爱的涂鸦类型?我想涂鸦可以是自由形式的,只要它们不是被一个愿望,比如想画一只小狗或人物面孔的具体愿望所控制。

相传丢勒(Albrecht Dürer)能够一遍又一遍地手绘一个完美的圆。对于我们大多数人来说,圆是一个最难画的形状。如果我们是自由式的涂鸦者,我们一般不大会画圆——画圆需要太多的专注力。

我们发现画小泪滴状的开放环更容易。它们看起来有点像过山车的轨道,或者你驶离高速公路出口转到岔路时,沿着机动车道又压过机动车道的转换线。提出这些乏味的比较,是因为这两种情况都是工程师们寻找的最平滑转换曲线,可以使你在绕过一个弯时感受到稳定的离心反作用力。使用的主要形状被称为"回旋曲线",它的曲率与沿曲线的距离成正比。我们在第12篇"过山车轨道的

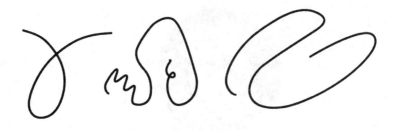

设计"中讨论过这个形状。这也是驾驶员以一个匀角速度转动方向盘时,汽车匀速移动的道路轨迹。如果高速公路出口的曲线是圆的一部分,并且你想以一个恒定的角速度转动方向盘,那么你必须不断调整你的速度。这段驾乘会有点生涩和不均衡,而回旋形的道路使它平滑,甚至有节奏。

　　类似的事情也可能支配我们的涂鸦。我们喜欢用笔挥扫,随着笔尖的移动,以一个恒定的角速度画出一段弧形。这唯一的可能是回旋螺线——尽管有很多不同的形状,取决于我们涂鸦有多快。所以我们的涂鸦会出现很多小的泪滴形开口环路。这是"感觉"最好画的曲线,它需要最小的有意识的努力来保持走向和需要手指上最小的力的变化。

为什么蛋
是蛋形的

　　为什么真正的蛋是蛋形的？它们不是球形的；它们不是橄榄球形的；它们也不是常常看到的椭球形。它们是典型的卵形，或称蛋形。它的一端，蛋的基座，比窄长的另一端更丰满且弯曲度更小。这种不对称性有一个非常重要的结果。如果你把鸡蛋放在一个平面上，它会在某一个位置平衡，尖端会稍稍倾向平面，因为它的质心不在其几何中心，而略向丰满的那端偏移。一个完美的椭圆形的蛋会停在一个位置，它的长轴与平面平行因为它的质心位于它的几何中心。

　　现在将放置蛋形鸡蛋的表面稍微倾斜几度，直到蛋开始滚动（这个表面不能太光滑，否则鸡蛋只滑而不滚，或者无法停止。并且请不要用煮熟的鸡蛋，因为固态物的表现与液态物的表现完全不同。斜面也不能很陡，例如45度，否则鸡蛋就直接溜下坡了）。接下来发生的事情非常重要。鸡蛋并不是像一个球形或椭球形蛋那样滚下斜坡，它会在一个紧凑的曲线范围内旋转并回到接近它开始的地方，如同一个旋转着的回飞镖，它的伸长的尖端朝上指向斜坡，而宽大的末端指向底部。这与你看到的一个圆锥体滚下浅斜坡是同样的行为。

　　蛋形鸡蛋的独特行为很重要。假如你是一只鸟在某个粗糙的岩石悬崖上照料一窝蛋，如果你的蛋是球形或椭球形的，你的后代注定难逃一死。孵化它们时会改变其位置，以保持它们的温度均匀和避免它们受风和其他干扰，结果球形的

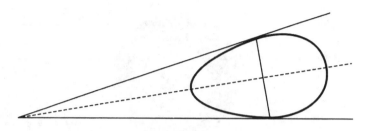

蛋会沿斜坡滚下去,越过悬崖边缘,而蛋形的蛋则会弧形滚动生存下来①。

不是所有的鸟蛋都是蛋形的。它们有四种一般形状,它们侧面的横截面分别是圆形、椭圆形、卵形和梨形。当轻推卵形或梨形的蛋使它们在不平坦的岩石表面的一个小圈里开始滚动时,它们会滚回到开始的地方——这些是蛋形的类型——但圆形和椭圆形的蛋则不会回到开始的地方。在岩石环境下的鸟的蛋往往是卵形或梨形的。它们在孵化时需要不断移动翻转以使其保持均匀的温度,如果一个滚远了,鸟儿不得不离开其他蛋去取回这枚远离的蛋。相比之下,将蛋产在巢穴或洞穴深处的鸟类,比如猫头鹰,它们的蛋趋向于最圆的、最少尖角的蛋。球形的蛋最坚硬,因为它的曲率在各个方向都一样,没有薄弱点。

还有其他一些几何因素影响鸟蛋的形状。飞行速度快的流线型鸟类,比如海鸥,其蛋往往是长椭圆形。这种窄细的、尖形的蛋可以紧密地贴在一起,中间较少冷空气,孵化时覆盖更方便,以保持温度。

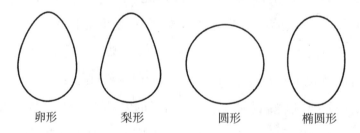

卵形　　　梨形　　　圆形　　　椭圆形

也有解剖结构方面的原因,蛋形卵蛋更有利于出生。蛋以软壳球形的形状

---

① 我非常感谢西山丰(Yutaka Nishiyama)先生,感激他在 2005 年从大阪来剑桥访问期间,使我对蛋的形状的数学问题产生兴趣。——原注

从母鸟的输卵管来到外面的世界,开始它的旅程。作用力以收缩(后面)和放松(前面)的顺序用在蛋体上。收缩力使蛋的后部成为窄窄的圆锥形而放松肌肉使得蛋的前部保持近乎球形。这是通过压力将物体突然并迅速地挤压出来的最简单的方式。试着将一粒葡萄籽从你的手指间挤出,然后再用一小块冰或一粒冰冻豌豆试试。最后,当蛋孵出时,它的壳迅速钙化,蛋的形状就被固定下来。剩下的事情就由自然来选择了。

埃尔·格列柯效应

克里特岛的艺术家希奥托科普罗斯(Doménikos Theotokópoulos)从 1541 年到 1614 年住在岛上。我们知道他的西班牙名字——埃尔·格列柯(El Greco)("希腊"),他的绘画通过绚烂的色彩和奇怪的人物形象的延长,捕捉到了反宗教改革时期的西班牙精神。1913 年,一个眼科医生首先提出,在埃尔·格列柯的人物画像中发现的几何变形,也许是散光的结果。散光,即眼球前表面的一种光学缺陷,可能导致他将通常比例的形象画得又高又瘦,因为这些形状以他的扭曲视力来"看"是正常的[①]。对于艺术家提香(Titian)、霍尔拜因(Holbein)与莫迪利亚尼(Modigliani)独特的绘画作品,有时也有类似的想法被提出来。

这个想法在 1979 年又被重新提起,梅达沃(Peter Medawor)在他写的《对一位年轻科学家的忠告》(Advice to a Young Scientist)中,将其作为一种简单的智力测验。他注意到那些许多人以前认识到的:眼科医师的理论败于一个简单的逻辑测试。最简单的理解方法就是想象,因为视觉缺陷,埃尔·格列柯看到的椭圆就是我们看到的圆。当他绘画时,他忠实地描绘他看到的,他仍然会将圆当作椭

---

① 特雷弗-罗珀(P. D. Trevor-Roper),《通过钝化的视觉看世界》(*The World Through Blunted Sight*),泰晤士与哈德森出版社,伦敦(第二版,1988)。——原注

圆来表现,而我们仍然会看到圆。因此,从逻辑上讲,不完美的视力不是埃尔·格列柯的风格的原因,因为我们也看到他人物形象的扭曲。

事实上,当我们对埃尔·格列柯的作品有了足够的了解,就有其他原因不将散光列为解释理由。X 射线分析他的画布揭示了初步的铅笔素描中人物形象是正常比例的,当使用颜料后就产生了人物形象的延长。同时并不是所有的人物都以同样的方式延长(天使与凡人相比有额外的延长),而且还有历史风格,如拜占庭式的,能够对他的发展方向提供一个依据。

把这个证据放在一边,最近美国心理学家安提斯(Stuart Antis)做了两次启发性的实验[1]。首先,他挑选了 5 名志愿者,将一个特别改装的望远镜放在每个人的一只眼睛上,蒙住另一只眼睛。望远镜被设计成将正方形扭曲成矩形。志愿者被要求依照记忆绘制一个正方形,然后复制一个真正的正方形。

当被要求依照记忆画正方形时,每个人画出的都是延长的矩形,其失真度约等于望远镜故意引入的失真度。大概这草图是出现在他们的视网膜上的正方形的重现。然而,当他们复制正方形图案时,这时的正方形就是真正的正方形了。

安提斯继续实验,这次只用一名志愿者。他将改装的望远镜戴在这个志愿者眼睛上戴了两天,晚上用眼罩代替,再请他按照记忆徒手画正方形,每天 4 次。结果非常惊人。最先,正如从所有 5 名志愿者的实验中发现的,结果是一个与正方形有预期偏差的矩形。而每一次连续的画逐渐接近一个正方形。经过每天画 4 个正方形,画了两天之后,志愿者已经完全适应了望远镜的失真而画出了一个真正的正方形。

所以,我们再次看到,无论是依据记忆还是面对模特,埃尔·格列柯的绘画是一个深思熟虑的艺术表达。

---

[1]　安蒂斯(S. M. Antis),《莱昂纳多》(*Leonardo*) 35(2),208(2002)。——原注

尤里卡

相传,西西里叙拉古最伟大的数学家阿基米德(Archimedes,公元前 287 年—公元前 212 年)在大街上裸奔大喊尤里卡(意思是"我发现啦")。但是,就像中学历史课上讲的那么多英国历史片断那样,没有多少人知道为什么。这个故事是由罗马建筑师维特鲁威(Vitruvius)在公元前 1 世纪讲述的。相传叙拉古僭主希伦二世(King Hiero II)命令金匠给他做一个正式的王冠供奉给庙堂里的一个神。这些供品通常是做成金花环放置在神的雕像头上。希伦不是一个信任别人的人,他怀疑金匠已经用廉价金属,例如银,取代了部分黄金,并把替换下的黄金窃为己有。在他收到做好的王冠后,他挑战阿基米德。在那个时代,因阿基米德所有卓越的工程发明和数学发现,他被认为有已知世界里的最强大脑——他的昵称在同一时代的科学家中就是简单的 α——要他确定这个王冠是否全部是由黄金做成的。金匠保证王冠跟希伦二世给他的黄金一样重。你如何能不破坏神圣的供品而判断它是否是纯金的?

阿基米德没有让人失望。传说当他洗澡时,看到水是如何被排出的,就意识到了该怎么做。黄金的密度比银大,因为密度等于金属的质量除以金属的体积,王冠如果以金属(银＋金)做成,其体积将比用同样质量的黄金做成的王冠大。所以,如果王冠含有银,将它淹没到水中时,它排出的水会比同样质量的纯金王冠排出的多。

假设王冠重 1 千克,而金匠把给他的一半黄金换成了白银。白银和黄金的密度分别是 10.5 克/厘米^3 和 19.3 克/厘米^3,那么 1 千克纯金对应的体积应该是 $\frac{1000}{19.3} = 51.8$ 厘米^3。而一半黄金一半白银的王冠的体积为 $\frac{500}{19.3} + \frac{500}{10.5} = 73.52$ 厘米^3。这个相差 21.72 厘米^3 是很显著的。首先将 1 千克纯金放在一个 $15 \times 15 = 225$ 厘米^2 的方形盆里,并且注满水,然后取出 1 千克纯金,再将王冠放入水中。如果盆中的水溢出,金匠有麻烦了! 额外的 21.72 厘米^3 的水将使水平面产生将近 $21.72/225 = 0.0965$ 厘米——近似 1 毫米——的上升,所以水就会从盆的边缘流出来。

维特鲁威告诉我们,阿基米德把王冠以及相同质量的黄金放入一个盆中,检查水的溢出情况。有人提出,阿基米德可能会用一个更巧妙的方法,利用他的物体浸入液体中的浮力理论。将王冠和纯金块悬挂在一个支点的两端,如下图所示。

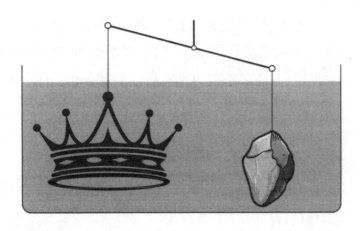

它们在空气中可以正好平衡,现在将它们浸在水中。用黄金和白银混合的王冠的体积更大,所以它排出的水比纯金块更多。这意味着它受到的浮力更大,王冠的一侧将会升高而相同质量的纯金的一侧将会降低。由于水的密度是 1 克/厘米^3,体积的差异意味着这个不纯的黄金王冠将会比相同质量的纯金多获得额外的 21.72 克的浮力。这么大的不平衡是很容易看出来的。

眼睛告诉大脑什么

人类的眼睛很善于看到图案,以至于有时候没有图案,眼睛仍然看到它。有人声称在月球表面看到人脸或火星表面看到运河,星座的拟人化历史是生动的想象力和对天堂向往的产物。

在某些方面,我们倾向于在混乱的场面里看到线条和图案——即使它们并不存在——这并非完全出人意料。这是一个帮助我们生存的特性。那些能够看到灌木丛里的老虎的人比没有看到的人更可能长寿,更多繁衍后代。事实上,即使当灌木丛中没有老虎而你看到老虎,只会让你的家人认为你是偏执狂,但当灌木丛中有老虎而你倾向于看不到,将导致你被吃掉。所以过度敏感而看到图案比不够敏感更好被接受。

右图中的图案是由一系列同心圆组成。每一个都由虚线描绘,都具有相同数量的点。然而,当你正面看图片时,你看到的是其他一些东西。在中心附近似乎有同心圆,但当你由内向外看时,看到的是以弯曲的月牙形为主的图案。到底是怎么回事呢?为什么你会看到月牙线朝向图片的外部呢?

我们的眼睛和大脑试图理解一个点阵的方法之一是将其连成线。实现这个连线最简单的方式就是在一个点和其最近的相邻点间画一条想象中的线。在接近同心点构成的那些环的中心处，每一个点最近的相邻点就是同一环中的点，所以我们脑海中的眼睛将这些点连接起来，我们"看到"了环形的图案①。随着我们向外移动，同一环中相邻点之间的距离增加，最终大于一个点到下一个外圈上相邻点之间的距离。最邻近的图案突然改变了。我们的眼睛现在追踪在不同圆上的相邻点的新曲线，月牙形状出现了。

如果你拿起这本书，再看看这张图片，但倾斜一个角度，随着你倾斜角度的增加，你看到的图像会改变。你正在看射影中的点，而且相邻最近距离改变了。眼睛现在"画出"不同的线，图片的样子也改变了。如果图片略有不同，用更大或更小的墨点打印，那么眼睛会更容易或更难找到最近的邻点，并产生线的印象。

这些简单的实验揭示了眼睛—大脑的图案识别"软件"的一个方面。它显示了要判断一幅数据图是否真正包含了重要的图案是多么不容易。眼睛试图找到图案的特别类型，而且很擅长于此。

我自己在1980年代遇到过这样的问题，那时天文学家创造了第一幅太空中星系团的三维图。以前只有在天空中的位置，因为测量它们与我们的距离是一个缓慢而烦琐的事情。新技术突然让它变得快速和容易实现了。得到的三维星系团图非常令人惊讶。星系似乎在一个巨大的宇宙大蛛网的图案中沿着线和面分布，而不是以空间填充方式随机聚集的。必须对星系聚集模式采取新的测量，而且我们需要意识到眼睛也可以欺骗我们②。在艺术的世界里我们看到的这种

---

① 以两个圆周为例，它们的半径分别为 r 和 R，并且 $R > r$，每一个圆周上都有相同间距的 N 个点。那么这些点的间距分别为 $2\pi r/N$ 和 $2\pi R/N$。当内圆的点间距小于内圆和外圆的间距时，即 $2\pi r/N < R - r$ 时，你会看到圆。然而，当 $2\pi r/N > R - r$ 时，你会看到月牙的形状。——原注

② 巴罗和巴弗萨（S. P. Bhavsar），《英国皇家天文学会季刊》（*Quarterly Journal of the Royal Astronomical Society*），28，109—128（1987）。——原注

人类图案——寻求倾向特性的最有趣应用,比如像 19 世纪末修拉(Georges Seurat)这样的艺术家的"点画派"或"点彩画派"。不同于颜料混合不同色素产生连续着色,"点画派"画家在不同大小的点上应用原色,让眼睛完成混合。结果产生色彩的亮度,而以牺牲纹理为代价。

为什么尼泊尔的
国旗是独一无二的

只有一个国家的国旗既不是正方形的(如瑞士),也不是矩形的(如英国)。尼泊尔的国旗,在 1962 年新的宪政形成时采用了一个双三角旗。这标志着 19 世纪统治王朝的两个不同分支的旗帜的合并。这个独一无二的旗帜已经通用了数百年。尼泊尔国旗的颜色是像杜鹃花一样的深红色,杜鹃花是尼泊尔的国花,一种在战斗中胜利的象征。它以蓝色的边框达到平衡,是和平的象征。最后,为了象征天体的永恒性,蛾眉月和太阳风格化的面孔出现在两个三角形上。自从尼泊尔王室血案和 2007 年王室被推翻,关于国旗是否应该改变以代表国家新的开始,在尼泊尔议会中已经有很多的辩论和争议了,但常规的矩形国旗的提案均被否决。

这一独特的国旗设计最引人注目的是两个三角形的斜边是不平行的。1962 年前的国旗版本更加简单,有平行的斜边、太阳和月亮,它们也有铭刻的基本外观。后来不寻常的几何结构意味着正确地绘制国旗是一个棘手的任务,它的构制在尼泊尔宪法中有详细的几何细节。下面是尼泊尔宪法的第五条附表 1 的一段翻译(略加改进),由尼泊尔最高法院发布,其中细致地定义了 24 个步骤的数学构建①。尝试一下,看看你是否能够计算出国旗两个顶角的度数②。宪法里有更长的从步骤 6 到步骤 24 关于构建月亮和太阳的几何说明。

国旗

在边界内完成形状的方法。

(1) 在一块深红色布的下部从左到右画一条所需长度的线 AB。

(2) 从 A 点画一条垂直于 AB 的线 AC,AC 等于 AB 加上 1/3AB。在 AC 标记一点 D,使得 AD 等于 AB。连接 BD。

(3) 在 BD 上标记点 E,使得 BE 等于 AB。

(4) 通过点 E,画一条线 FG,使 FG 平行且等于 AB,交 AC 于点 F。

(5) 连接 CG。

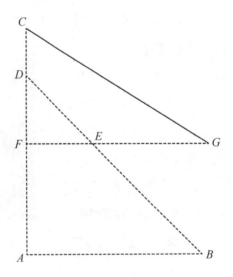

① 请参照埃林森(T. Ellingson),《喜马拉雅研究公告》(*Himalayan Research Bulletin*),21,Nos1–3(1991)。——原注

② 我将下面的角做到了正好 45 度,上面的角最接近 32 度$\left(\text{它的正切等于}\dfrac{4}{3}-\dfrac{1}{\sqrt{2}}\right)$。——原注

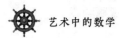

　　国旗的周长是由连接 $C \rightarrow G \rightarrow E \rightarrow B \rightarrow A \rightarrow C$ 的直线组成。尼泊尔也许是世界上唯一要求所有公民理解这些几何原理的国家。这不是一件坏事。

印度的绳索魔术

印度的绳索魔术已经成为最难的和最神奇的魔术或欺骗的代名词①,虽然19 世纪的专业魔术师认为印度魔术表演的故事只是一个骗局。据称,一盘绳索可以上升到天空,魔术师会派一个小男孩爬上去直到他从视线中消失(大概进入被垂悬的树枝掩盖了的低雾里)。魔术圈曾经有人在 1930 年代提出对能够验证这个魔术的人提供大量现金奖励,但此奖金从未被授予过。对这个魔术的各种变种以及声称这个魔术的明显欺诈历史的分析于 1996 年由两位作者发表在《自然》(Nature)杂志上,他们花了相当大的精力调查超自然现象②。

它这个绳索魔术有一个对应奇妙数学的有趣方面。关于这个声称的"魔术"的惊人之处在于一个想法,一根绳子可以在顶部得不到任何支持的情况下保持在一个稳定的垂直位置。如果我们取一根硬杆,允许它绕着底部的支点旋转,就像一个倒置的钟摆,我们知道,如果我们把它放置到一个垂直位置,支点在底部,它会马上倒下来,直到它变为从支撑位置向下垂直悬挂为止。初始的直立

---

① 拉蒙特(P. Lamont),《印度绳索把戏的兴起:一个惊人骗局怎样成为一段历史》(*The Rise of the Indian Rope Trick:How a Spectacular Hoax Became a History*),艾博克斯出版社,纽约(2005)。——原注
② 怀斯曼(R. Wiseman)和拉蒙特,《自然》,383,212(1996)。——原注

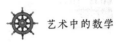

位置是不稳定的。然而,如果我们给硬杆的支撑物增加一个非常快速的上下振动,那么它可以保持在垂直竖立的稳定位置(从垂直位置略微推开,它还会摆回来!)只要在基部有足够高的上下振荡频率。在实践中,这可以通过在硬杆支撑部位安装一个夹具,使夹具与硬杆一起进行上下垂直运动。

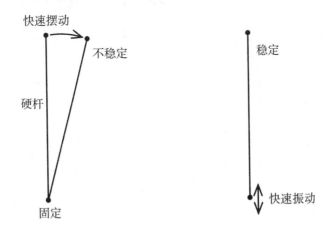

为什么会这样呢? 硬杆的质心受到一个大小为 mg 的重力(其中 m 是它的质量,$g = 9.8$ 米/秒^2 是由地球引力产生的重力加速度)垂直向下,同时也有一个不断上下变化的作用力作用在杆上。这两种力的合力使得中心沿着一条曲线路径移动,质心沿着这一小段曲线路径来回振荡,好像是进行圆周运动的一小部分。因此这个运动的中心会在受离心力作用运动的中心方向上移动。这个力的大小是 mv^2/L,其中 $2L$ 是杆的长度;这个力取决于 v^2,上下振动速度平方的平均值。如果它足够大,它将超过重力 mg,试图将杆的重心向下拉。所以,如果 v^2 超过 gL,杆将保持直立。

所以在某些情况下,杆可以直立并保持在那儿,即使把它向一边推。这是实现印度绳索魔术想法最接近的情况。如果这个杆是一个梯子,你甚至还可以爬上去呢! 这个受随机扰动的倒立摆杆的惊人性质是由诺贝尔奖得主、物理学家卡皮察(Peter Kapitsa)在 1951 年首先发现的,然后由皮帕德(Brian Pippard)在

1987 年详尽阐述。这的确是一个意想不到的故事①。

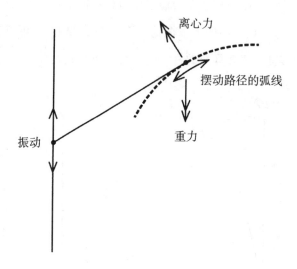

① 请参见从俄语原文翻译过来的《卡皮察精选论文集》(*Collected Paper by P. L. Kapitsa*),哈尔(D. terHaar)编辑,卷 2,pp. 714 – 26,培格曼出版社,牛津(1965);以及皮帕德《欧洲物理学杂志》(*European Journal of Physics*),8,203 – 6(1987)。在艾奇逊(D. Acheson)写的《1089 及所有那些事》(*1089 and All That*)中也可以找到从数学角度出发的有趣讨论,牛津大学出版社,牛津(2010);而从物理角度可以参阅莱维(M. Levi)写的《为什么猫用脚落地》(*Why Cats Land On Their Feet*),普林斯顿大学出版社,普林斯顿,新泽西(2012)。——原注

欺骗眼睛的
一幅图像

在许多古老的文化中对几何图形有一种迷恋，几何图形被认为是显示神圣的东西，或是因为它们完美的简洁性，或是因为复杂的对称性。这些图案被认为拥有某种内在的意义，可以作为一个冥想引导到更深现实，与它们所显示的几何相一致。即使在今天，"新世纪"作家和神秘的思想家仍然被这些曾经吸引过如达·芬奇（Leonardo da Vinci）这样的思想家和艺术家的古代图案所吸引。

一个引人注目的例子令人印象深刻，因为当它以黑和白描绘时，它对人类视觉系统提出了一个重大的挑战。"生命之花"①就像是一个奇异类型的层创结构。人们能够在整体上对它一目了然，但通过计算它包含的圆圈来尝试分析它，你的眼睛就不能持续盯着它。相互交织的圆和弧线的千变万化让人不知所措，给出了令人困惑的最近相邻距离和视觉线索，就像我们在本书第 25 章中看到的，这些控制了故意画出的图案。

"生命之花"是在古埃及人和亚述人的装饰物中被发现的，以它显示的如花的图案而命名。它的结构是由一个大的边界圆中包含 6 个对称重叠的圆组成，

---

① 这个花名及其生机勃勃的寓意，是由新时代的作者麦基洗德（Drunvalo Melchizedek）在《生命之花的古代秘密》（*The Ancient Secret of the Flower of Life*）（卷 1 和 2，光技术出版社，AZ，1999）中创造的。——原注

如下图所示。这 6 个圆又同时外切于中央圆,每个圆的中心位于 6 个相同直径的围绕着它的圆的圆周上。大的边界圆里包含 19 个圆和 36 个圆弧。

当这个作品完成后要对这个作品的组件计数是很难的。容易开始的地方是大圆里的 6 个圆与它的 6 个切点。在所有这些圆的内周里正好可放置另一个相同的圆,并且它的中心也在外边界圆的中心。然后这些圆互切的 6 个点确定了另 6 个圆的中心。这些圆互切的 6 个点再定义其他 6 个圆的中心,这样我们一共有 6 + 6 + 6 + 1 个圆的中心,等于 19 个圆。你会发现你用不同颜色画出每组 6 个圆的周长轮廓,以此区分,才会更容易数清它们。

最后,如果你倾斜页面,你的眼睛会逐渐看到一个完全不同的主导图案,由泪滴形状构成的 7 条平行线。旋转倾斜的页面,你会发现有 4 组这样的线集。它们完全主宰这些圆,因为当你看图片的投影时,点与线之间视距发生变化,眼睛跟随着另一组最邻近距离将"点连起来"并留下一个图案的印象。如果你将纸弯曲成一个曲面,就像玻璃杯的侧面,你将会看到一个新的主导图案;当你斜着看时,这些线散开形成 V 形宽幅椭圆。

这种神圣几何图形的更简单的版本是博罗米恩环,被作为异教徒和基督教徒共同的象征,有时也被称为"生命的三脚架"。两个相等的圆的交点被当作第三个同样的圆的中心。

这种设计可以在古代佛教和北欧艺术中找到,从圣奥古斯丁时代起就被用

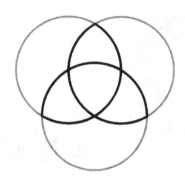

在基督教插画中作为三位一体的象征①。它变得越来越著名,然而,作为意大利
北部博罗梅奥贵族家庭的家族徽章,可以追溯到公元 12 世纪以前,从这个阶层中
出现了天主教的许多教皇和大主教——甚至今天这个家族的一位成员是阿涅利
家族商业帝国的继承人。这些徽章为 1442 年由斯福尔扎(Francesco Sforza)所赠,
以表彰这个家族在保卫米兰中所作的贡献。这些徽章代表了维斯康蒂(Visconti)
家族的团结,斯福尔扎和博罗梅奥曾经搁置不断的争斗,通过缔结婚姻来巩固关
系。他们的影响力在米兰仍有很多证据。随后,博罗米恩环成为更为广泛的团
结和统一的象征。

---

① 最早的有记录的例子是一份 13 世纪的手稿,由沙特尔市立图书馆保存,不过在 1944 年
被销毁了。——原注

又是 13 日星期五

黑色星期五(Triskaidekaphobia，13 日星期五)恐惧症①，或恐惧数字 13，似乎深深根植于西方的传统中。我发现老街道房屋的编号为 12½而不是 13，高层建筑没有第 13 层，为了避免这个不吉利的数字这样做是必须的。一些人认为对它的偏见源自《最后的晚餐》中用餐的人数。

更糟糕的是，如果这个月的 13 日正好是星期五，那么我们就成了更大的语言学挑战黑色星期五(paraskevidekatria-phobia)的牺牲品②——对 13 日星期五的恐惧。而且，一系列宗教传统，如夏娃在伊甸园的堕落、所罗门圣殿的坍塌以及基督的死亡等，都发生在星期五。因此 13 日星期五我们可以称之为对一个悲观主义者的双重打击。其结果是，在过去的几个世纪里，人们对横跨大西洋的起航日或重大项目的起始日十分紧张，就是受到黑色星期五命运的干预。即使在今天，迷信的人们趋向于注意到 13 日正好是星期五，并且相信这是一种罕见的、特殊的历法事件。唉，这个看法不是真的。事实上，可能更真实的

---

① 来自希腊语，"三"(tris)，"和"(kai)，"十"(deka)以及"害怕"(phobia)，由科里亚特 (I. H. Coriat)引入，见《变态心理学》(*Abnormal Psychology*)，2，vi，287，约翰威立出版社，伦敦(1911)。——原注

② 希腊语中"paraskevi"是星期五。——原注

是：一个月的 13 日正好是星期五，比 13 日落在一周的其他任何一天发生得更频繁。

在过去的几个世纪中，数学家们应大量需求而计算与历法相关的事宜：确定过去或未来某些特定日期落在哪一日。最重要的是复活节星期日，定在每年 3 月 21 日春分月圆之后第一个星期日。伟大的德国数学家、天文学家和物理学家高斯（Karl Friedrich Gauss）在 1800 年设计出了一个漂亮的简单公式，给出格里历①中的日期对应星期几。他将所有的文字改变成了简单的数字，并分配数字来标记星期几，星期一为 $W=1$，星期二为 $W=2$，等等，直到 $W=7$；然后 $D=1,2,\cdots,$ 31 以标记一个月中的日期；而且 $M=1,2,\cdots,12$ 代表一年中的月份，以 $M=1$ 代表一月。Y 标志为年，为 4 位数字形式，如 2013；$C=[Y/100]$ 为世纪的标记，其中方括号表示小于或等于里面数的最大整数（所以 $[2013/100]=20$）。在世纪 Y 中的年份，由 $G=Y-100C$ 给出，介于 0 到 99 之间。数量 F 被定义为 C 除以 4 的余数。如果余数等于 0，1，2 或 3 则 F 分别等于 0，5，3 或 1。最后，还有一个指标 E，标记每 12 个月 $M=1,2,\cdots,12$ 对应的 $(M,E)=(1,0),(2,3),(3,2),$ $(4,5),(5,0),(6,3),(7,5),(8,1),(9,4),(10,6),(11,2)$ 和 $(12,4)$。

毕竟，高斯的"超级公式"告诉我们，指定的星期几的数 W 是 $N=D+E+F+G+\left[\dfrac{G}{4}\right]$ 除以 7 的余数。

让我们试试。如果今天是 2013 年 3 月 27 日，则 $D=27$，$E=2$，$Y=2013$，$C=20$，$F=0$，$G=13$，因此 $N=27+2+0+13+3=45$。当我们将 N 除以 7 得到 6，余数 $W=3$。这个余数给出了正确的星期数，是星期三。你也可以计算出你的出生日期是星期几或明年的圣诞节会是星期几。

现在该公式可以用来确定每个月的 13 日落在星期几的频率。只需要跨

---

① 由教皇格里高利十三世在 1582 年定义，根据他的教令，10 月 4 日的第二天应为 10 月 15 日。这立即被意大利、葡萄牙和西班牙采用。其他国家随后响应。——原注

400 年做这样的计算,因为格里历每 400 年有 146 097 天,每 400 年重复一次①。146 097 能被 7 整除,所以是一个正确的星期数目。在任何一个 400 年的周期里有 $400 \times 12 = 4800$ 个月,每月的第 13 日是相同的数字。13 日有 688 次落在星期五,687 次落在星期三和星期日,685 次在星期一和星期二,而只有 684 次在星期四和星期六。所以 13 日星期五并不是那么特别。

---

① 格里历闰年只包括年数被 100 和 400 整除的,因此 2100 年不是闰年。在 400 个格里年里的天数为 $100 \times (3 \times 365 + 366) - 3 = 146\ 097$。哈维尔(J. Havil)对这个问题给予了更全面的讨论,见《困惑》(*Nonplussed*),普林斯顿大学出版社,普林斯顿,新泽西(2010)。——原注

带状檐壁

檐壁作为建筑内部和外部的装饰物,已经流行几千年了。现在它们有多种款式和颜色来搭配我们传统的墙纸,虽然产品目录中提供多样选择,但真正选择的范围是很小的。归根结底,只有7种不同的重复檐壁图案。

如果我们用黑笔在白纸上画画,以创建一种可重复的檐壁图案,那么将初始图形变成一个可重复的图案,我们只需4种技巧(如下图所示)。

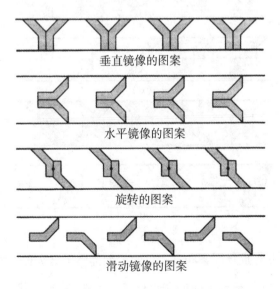

垂直镜像的图案

水平镜像的图案

旋转的图案

滑动镜像的图案

第一种是"平移",简单地将图案沿檐壁整体移动。第二种是将图案沿垂直轴或水平轴做"镜像"。第三种是将图案绕着某一个点"转动"180度。第四种是"滑动镜像",它结合了将图案向前平移并关于一条与平移方向平行的线作镜像。这最后一步创建的镜像互相之间略有偏移,不是垂直对齐的。

可以从初始图形互相组合产生7种不同类型的重复的设计图案。

我们可以对初始图形做(a)平移、(b)水平镜像、(c)滑动镜像、(d)垂直镜像、(e)旋转180度、(f)水平及垂直镜像、(g)旋转和垂直镜像。它们的结果如下图:

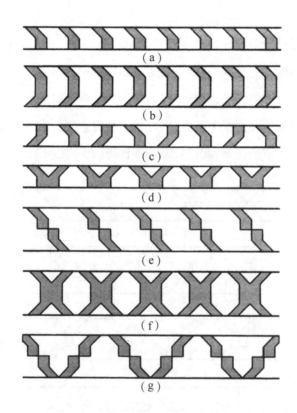

世界上每一种有重复图案和有颜色的檐壁都属于这7种类型。这里有每种图案的一个例子,它们来自不同的文化传统。当然,基本形状上有一些装饰,也

是受这 7 种方法之一的影响,它可能是一个简单的 V 形或更华丽的造型:

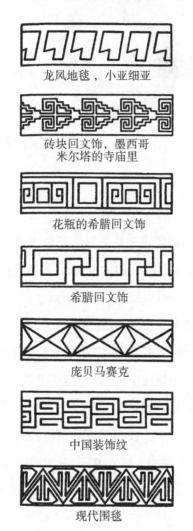

龙凤地毯,小亚细亚

砖块回文饰,墨西哥
米尔塔的寺庙里

花瓶的希腊回文饰

希腊回文饰

庞贝马赛克

中国装饰纹

现代围毯

  我们已经将注意力限制在单一颜色的檐壁(白纸黑色)。如果引入更多的颜色就可以有更多的可能性。当颜色数是奇数时(比如单一颜色,我们使用过的黑色),不同檐壁图案数保持为 7;当颜色数能够被 4 整除,有 19 种可能的檐壁图案,而当颜色数被 4 除的余数是 2(或 −2),那么檐壁图案数减少到 17。

伦敦的
小黄瓜大楼

在伦敦最引人注目的现代建筑是圣玛丽斧街 30 号,它在 2006 年以 6 亿英镑被出售前曾经被俗称为瑞士再保险大厦,现在被叫作松果,或简称为小黄瓜大楼。查尔斯王子(Prince Charles)将其视为伦敦脸上的皮疹疙瘩。它的建筑师福斯特(Norman Foster)及其合作伙伴,宣称这幢建筑将成为现代的标志性建筑,因为他们的创作获得了 2004 年的英国皇家建筑师学会斯特灵奖。它成功地将瑞士再保险公司推到了公众的视线中(并且他们获得了 3 亿英镑的销售利润),激发了在传统地平线上对塔形建筑的向往以及伦敦城视线的广泛辩论。唉,虽然这毫无疑问是一个关于小黄瓜大楼美学成功的持续讨论,但对瑞士再保险公司而言,最初是有一些商业失望的。该公司只占有使用了 34 层的前 15 层,而未能让这幢建筑的另一半给任何其他机构使用。

小黄瓜大楼最明显的特征是它的高度——180 米。如此规模的塔楼的创建会产生结构和环境问题,数学建模帮助解决了这些问题。其优雅的弧形轮廓不仅仅是受美学所驱使,更是一些疯狂的小黄瓜造型热爱者的设计师为了引人注目,引起争议所造之作。今天,工程师们创建出大型建筑的复杂计算机模型,这时他们能够研究大型建筑对风和热的反应,从外部获得新鲜空气,以及对地面行人的影响。2013 年 9 月 2 日,在新芬丘奇街 20 号的一个新建的伦敦摩天大厦,被称为对讲机大厦,产生的反射阳光如此强烈,以至于它熔化了停在对面的捷豹车的车身零件。修补建筑设计的某一方面,比如建筑表面的反射率,将会影响许多其他方面——改变内部温度以及对空调的要求——用先进的计算机模拟建筑物,一切后果立刻就能看到。设计现代建筑这样复杂的结构,遵循"一次解决一个问题"的方法是不可取的,你必须在同时做许多事情。

橄榄球形的小黄瓜大楼,从窄窄的底层开始,在第十六层最鼓凸,随后再次变窄稳步向上达到顶部,选择这种形状是为了回应那些计算机模型。传统的高层建筑在街面上将风灌进大楼附近狭窄的通道(就如同用你的手指盖住花园浇花软管的部分喷嘴,收缩喷嘴导致压力增大产生较高流速的水流),这会对路上行人和该建筑物内的人造成可怕的影响,他们会感觉在一个风洞中。建筑物底部变窄将减少这些不想要的风的影响,因为那里的空气流收缩少了。这个建筑物上半部分的缩窄也起着重要的作用。如果你站在地面,在一幢常规的笔直塔状建筑物旁朝上看,你会感到自己很渺小,建筑物遮住了天空的大部分。而一个逐渐变窄的设计开辟了更广阔的天空,降低了建筑物显得高耸的效果,因为你在附近地面上无法看到其顶部。

这个建筑物外墙的另一个突出的特点是它的横截面是圆的,不是正方形或长方形。同样,这便于平滑及减缓建筑物周围的气流,也使得建筑物不寻常的环保。6个巨大的三角形楔形物从外向内切入每层,将光和自然通风带进了建筑物的核心深处,减少了对传统空调的需要,使该建筑的节能有效性是相同规模的典型建筑的两倍。每一个楔形物不是直接位于上一层楔形物的正下方,而是在相对于该层的上一层或下一层稍微有些旋转交错的位置,这样有助于提高效率将空气吸入内部。正是这6个楔形物的轻微偏离从外面看产生了明显的螺旋图案。

从远处看着这圆润的外观,你可能会认为单个的表面板是弯曲的——一个复杂且昂贵的制造预期——但事实上它们并非如此。嵌板与明显弯曲部分的距离相比足够小,四边的平面马赛克嵌板足够胜任这个任务了。你将嵌板做得越小,它们就越能够更好地近似覆盖弯曲的外表面。所有方向的改变都是在弯角处连接不同的嵌板完成的。

对冲你的赌注

当你与两个或两个以上的人打赌,他们对一个事件的结果有不同的期望时,你可以与他们分别下注。这样,无论实际结果如何,你都是个净赢家。假设安东认为曼联队赢得足总杯的概率为 $\frac{5}{8}$,而贝拉相信曼城队赢的概率为 $\frac{3}{4}$ 。安东和贝拉都把赌注押在能获得正的预期收益的结果上。

比如说你跟安东打赌,如果曼联队赢了,你支付他 2 英镑,输了他会支付你 3 英镑。安东接受这个提议,因为这意味着他的预期回报为 $2 \times \frac{5}{8} - 3 \times \frac{3}{8} =$ 0.125 英镑,这是正的。现在你跟贝拉打赌,如果曼城队赢,你给贝拉 2 英镑,输了她给你 3 英镑。再次,贝拉接受这个建议,因为她的预期收益也是正的: $2 \times \frac{3}{4} -$ $3 \times \frac{1}{4} = 0.75$ 英镑。

你在这个赌局中不会输。无论曼城队还是曼联队赢得足总杯,你会从安东或贝拉处收到 3 英镑而仅仅支付 2 英镑。你总是能得到 1 英镑,因为你损失的英镑数总是在相反结果的赌局中补偿回来,这样一种方式"对冲"了你的赌注①。这是对冲基金金融投资的基础,尽管投资行用高速计算机在一个更大的规模以更复杂的方式工作。归根结底,他们利用对同一事件的期望值的差异来对冲任何整体损失。不幸的是,当这一策略向公众清楚表述时,如果不是彻头彻尾的不择手段,则似乎非常不能令人满意。高盛公司发现,如果披露了他们鼓励客户投资高盛自己在做的对冲期权这一事实,其实是在赌他们会失败。

----

① 术语"对冲你的赌注"的起源有近 400 年的历史了。它似乎遵循了一种理念,将一种类型的金融风险或债务完全置于有利的一方里,所以为了安全安排好对冲,就如你在护卫你的土地。——原注

剧院中的无限

一个有进取心的剧院决定每售出一张门票赠送一张代金券来吸引新的观众。收集两张这样的代金券,就能得到一张任何演出的免费门票。这告诉我们,当我们买一张票,它真正的价值是 $1\frac{1}{2}$ 张,但是额外的半张票也将获得50%的代金券,所以值另一 $\frac{1}{4}$ 张票,而这 $\frac{1}{4}$ 张票值另一 $\frac{1}{8}$ 张的票,以此类推,直到永远。这个特殊折扣意味着一张原始的票实际价值是 $\frac{1}{2} + \frac{1}{4} + \frac{1}{8} + \frac{1}{16} + \frac{1}{32} + \cdots$ 张票,这个级数有永无止境的项,每一项都是其前一项的 $\frac{1}{2}$。我们可以推导出这个无穷级数的和,而不必做任何更多的数学计算,只需要跟两个朋友一起去剧院看戏就行了。

如果我带两个朋友一起去剧院,我们付钱买两张票,然后我将收到两张代金券,这样我只需付两张票的钱就能得到第三张票。这意味着两张代金券值一张票的钱,那么上面给出的无穷级数的和必须等于1。因此,我们有 $1 = \frac{1}{2} + \frac{1}{4} + \frac{1}{8} + \frac{1}{16} + \frac{1}{32} + \cdots$。

你也可以将此想象成一个 1×1 的正方形的纸,纸的面积是 $1 \times 1 = 1$。现在将其分成一半,然后再将其中一半又分一半,想象你一直这样减半下去。这张纸的总面积又将是我们的级数 $\frac{1}{2} + \frac{1}{4} + \frac{1}{8} + \frac{1}{16} + \frac{1}{32} + \cdots$,所以它必须等于 1,等于正方形的面积。

照亮黄金比例

对于像我这种做大量阅读的人来说,单个 100 瓦灯泡①的消失是一个坏消息。不过有一种福莱希灯泡能够作为替代物,同一个灯泡能够提供不同的亮度。它们通过支持两种灯丝来实现这样的功能,比如说,在灯泡中单独或组合使用 40 瓦和 60 瓦灯丝。当两个灯丝一起开启时,得到第三种亮度 60 + 40 = 100 瓦。这里关键的设计点在于灯丝功率的选择,使得三个设置(高、中、低)看起来尽可能地不同。用 100 瓦和 120 瓦作为输出功率不是明智的选择,因为我们认为它的输出功率差别不大。我见过以前使用 60 瓦和 100 瓦的灯丝作为低亮度和中亮度的设置,这样第三种(高亮度)是 160 瓦。那么灯丝功率的最佳选择是什么呢?

设两个灯丝的输出功率分别为 A 瓦、B 瓦和 $A + B$ 瓦。为了保持良好的亮度间距②的比例,我们希望 $A + B$ 与 B 的比例和 B 与 A 的比例相同,所以

---

① 印在一个灯泡上的额定功率瓦特是当它连到标准电压(通常也印在灯泡上)应该用的,在英国是 220 伏。这与灯泡接入的电路完全没有关系,如果你有两个用相同额定电压的灯泡,那么电阻低的灯泡会有更高的功率。——原注

② 输出功率与亮度不一样,亮度是我们感知的。亮度随功率的不同而变化,所以最佳功率比与最佳亮度比是一样的。——原注

$$(A + B)/B = B/A。$$

这就意味着

$$(A/B)^2 + (A/B) - 1 = 0。$$

我们可以解这个简单的关于 A/B 的二次方程。答案是

$$A/B = (\sqrt{5} - 1)/2 = 0.62。$$

这是一个著名的无理数①,我们将它标为 $g - 1 = 0.62$,只保留两位小数,g 被称为"黄金比例",有着悠久的、神秘的历史。它在这里作为理想的比例,创造出三个独特但又和谐的不同亮度的灯泡。如果我们两灯泡用 62 瓦、100 瓦的灯丝,将得到一个精确的 62 瓦、100 瓦和 162 瓦的输出。而在实际中,62 瓦舍入为 60 瓦,设定 60 瓦,100 瓦和 160 瓦得到一个非常近似黄金比例的序列。

假设我们想要使用 3 种不同的灯泡亮度产生一个 5 种设置的灯泡。我们能用相同的原理达到基本灯泡的最佳选择吗? 如果这 3 个灯泡的功率分别为 A、B 和 C,那么我们正在寻求 A、B、C、$A + B$ 和 $A + B + C$ 这 5 个值的一个比例恰当的序列,因为我们已知道,想要 $A = (g-1)B$,只需选择 $B/C = (A + B)/(A + B + C)$ 来完成这个要求。

这需要 $B = C(g-1)/g = 0.38C$,所以新灯泡应该选择 $C = 263$ 瓦,5 个恰当比例的"黄金"序列其亮度为 $A = 62$ 瓦,$B = 100$ 瓦,$A + B = 162$ 瓦,$C = 263$ 瓦和 $A + B + C = 425$ 瓦。每一个灯泡等于下一个灯泡亮度的 0.62。

这个工作原理的意义不止于灯泡,揭示了在音乐、建筑、艺术和设计等许多方面都可以应用和谐构建的原理。

---

① 这是一个无限小数,等于 0.618 033 988 75…这里给出的是近似到两位小数。——原注

幻　方

1514 年,阿尔布雷特·杜勒(Albrecht Dürer)的名画《忧郁 I》(*Melancholia I*)首次将幻方引入了欧洲艺术。这些"神奇"的结构,最早可以追溯到公元前 7 世纪的中国和伊斯兰文化,并在早期的印度艺术和宗教传统中有所阐述。一个数的方阵是前 n 个数字的方形阵列,所以对于 $n = 9 = 3^2$,数字 1 到 9 可以排列在一个 3×3 的网格中;对于 $n = 16$,前 16 个数字可以排列在一个 4×4 的网格中,以此类推。如果方阵中每行、每列和对角线的数字和都相等,则这种方阵就是幻方。这里有两个 3×3 的幻方。

4	9	2
3	5	7
8	1	6

2	7	6
9	5	1
4	3	8

我们看到这些幻方中所有的行,列和对角线之和都是 15。事实上,这些方阵不是真的不同。第二个方阵是第一个方阵逆时针旋转 90 度后的结果,而这是目前存在的唯一的有明显不同的 3×3 幻方。

如果创建一个 $n \times n$ 的幻方,那么它每条线上的和将等于"幻方常数"①:

$$M(n) = \frac{1}{2}n(n^2 + 1)。$$

在上面这个例子里,我们看到当 $n = 3$ 时,幻方常数为 15。虽然只有一个 3×3 的幻方,却有 880 个不同的 4×4 的幻方,275 305 224 个 5×5 的幻方以及大于 10^{19} 的 6×6 的幻方。

16	3	2	13
5	10	11	8
9	6	7	12
4	15	14	1

我们来看 4×4 的幻方,它的构建要求更高,虽然我们已经在几个不同文明中知道了一些古代的例子。在印度克久拉霍城的帕诗瓦纳提耆那教寺庙有一个公元 10 世纪的著名幻方,它的存在见证了宇宙和宗教的意义,被归于是对这些和谐的且自我验证的数学对象的沉思而获得的。杜勒在他的作品《忧郁 I》中的著名艺术例子也是一个 4×4 幻方②,幻方常数(线条的和)等于 $M(4) = 34$。

他的幻方还包含另一个优雅的细节。最下面一行中间的两个数字的组合给出了该作品的日期,1514,而外面两个数字 4 和 1,是字母表中第四个(D)和第一个(A),杜勒·阿尔布雷希这个姓名的英文首字母。

1	14	14	4
11	7	6	9
8	10	10	5
13	2	3	15

对宗教艺术和象征主义中的幻方的敬畏一直持续到今天。在巴塞罗那著名的、未完成的、由苏比拉克(Josep Subirachs)设计的圣家族大教堂的《受难门》(*Passion*)雕像,乍一看,似乎是一个幻方。

所有的行、列和对角线之和为 33,这在传统上被认为

---

① 这是因为前 k 个数字之和为 $\frac{1}{2}k(k+1)$,所以在一个 $n \times n$ 的幻方中,任何行、列或对角线的和将由这个公式中 $k = n^2$,然后再除以 n 给出。——原注

② 这也可以延伸到三维,创建一个幻立方。——原注

是与雕像中所描述的耶稣受难时的年纪一致,但是你再看看,这个方阵不是幻方(否则这个和是34)。数字10和14以数字12和16失踪为代价出现过两次。

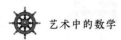

苏比拉克①本来可以做点不同事情,避免使用重复数字。如果你对幻方的每一项都加上一个相同的量,比如说 Q,则每行、每列及对角线仍具有相同的和,但方阵将不再由前 N 个连续数字组成。如果你对 3×3 的幻方②的每一项都加一个 Q,那么新的幻方数字将会是 $15+3Q$,选择 $Q=6$,可使其等于33。这些新的方阵阵列可以避免重复,但它们使用从 $Q+1=7$ 开始的9个连续数字。这里有一个对上面第一个 3×3 幻方的每一项加6得到的新方阵。进一步数学意义上的推导留给读者作为练习。与此同时,如果你尝试做现在报纸上的数独谜题,你会发现似乎数以百万计的人们对幻方着迷上瘾。

---

① 苏比拉克是20世纪后期西班牙前锋艺术的开创者,被西班牙国王誉为继毕加索、达利和高迪之后最伟大的艺术家。苏比拉克成功地完成了圣家族大教堂浩大的雕像工程。——译注

② 4×4 或 5×5 幻方是做不到的,因为没有一个整数 Q 能够成为 $33=\frac{1}{2}n(n^2+1)+nQ$ 这个方程的解。$Q=6$ 是 $n=3$ 时的方阵的一个解。——原注

蒙德里安的
黄金矩形

　　荷兰画家蒙德里安（Piet Mondrian）（或在荷兰语中为 Mondriaan①）生于 1872 年,生活并工作在艺术史上伟大的变革时期。在以风景画开始他的职业画家生涯之后,他最初受立体主义、野兽派、点画派和其他形式的抽象派影响,但他在艺术几何和色彩方面开创了一个新方法,在它的规范限制中几乎是不证自明的。尽管如此,他的作品在 20 世纪后期越来越受欢迎,常常会因其相对简单性吸引对图案结构有兴趣的数学家的注意。蒙德里安在其他艺术风格上的兴趣很快被他对神学的崇拜所超越了。1906 年从这些宗教思想的收集中一种艺术观点应运而生,蒙德里安和其他一些人,将其称为风格派（荷兰风格派）画风。蒙德里安在他的风格派里创作作品定下了一些审美规则。这些是一种非代表性艺术形式的准则,他称之为新造型主义,他将这些规则应用于建筑和家具设计,也用于舞台布景等产品中。

　　1. 只使用三原色为红、蓝和黄或黑、灰和白。

　　2. 对表面和固体形状只使用矩形平面和棱镜。

---

① 　在他早期日益赢得国际认可期间,他将他的姓从荷兰语发音最初拼写的 Mondriaan,改为我们现在知道的 Mondrian（蒙德里安）。——原注

3. 用直线和矩形平面组成。

4. 避免对称。

5. 使用对立创造审美平衡。

6. 使用比例和位置创建平衡和一种韵律。

这些规则引领了对由纯色组成的纯粹几何艺术形式的追求。

第二次世界大战初期在伦敦生活了两年之后,蒙德里安在曼哈顿度过了他职业生涯的最后几年,并于1944年在那里离世。

蒙德里安的绘画由粗的黑色横线与竖线为主,它们的交叉点产生矩形,并且在这个网格中黄金比例(见第34章)的使用是蒙德里安非常常见的手法。他的作品包含了许多黄金矩形,尺寸接近著名的黄金比例 $\frac{1}{2}(1+\sqrt{5})=1.618\cdots$ 看看上面的图,我们可以搜索到近似的黄金矩形。这些矩形的边长比例是连续无休止的斐波那契数列的数字:

$$1,1,2,3,5,8,13,21,34,55,89,144,233,377,\cdots$$

其中第二个数以后的每一个数都是前面两个数的和,当你顺着这个数列向下移动时,这些连续的比例就越来越接近黄金比例(例如 3/2 = 1.5,21/13 =

1.615 和 377/233 = 1.618）。因此,在实践中,画线的粗度意味着,如果蒙德里安矩形使用递次的斐波那契数列来定义边长,那么它们几乎都是黄金比例。事实上,这个斐波纳契数列的特性是更一般性质中的一个特例。如果你观察斐波纳契数列中相隔一个距离 D 的数的比例(选择连续的数就对应了 D = 1），当你沿着数列向下移动时①,它们的比例会迅速趋向于黄金比例的 D 次幂,1.618^D。

用这些知识我们现在可以解剖蒙德里安作品里的矩形了,在纸上或屏幕上创造你自己的版本——对于孩子们是一种不错的活动! 蒙德里安给他的一些作品着色,但大部分的作品还是保留白色。色彩是他的平衡原则必须发挥作用的所在;不同的颜色是对立的,且并不密集,从而使眼睛的注意力被画布中的某一个组成部分吸引。结果是一个由数学产生的创造力与自我约束的奇怪组合。

---

① 当 n 越来越大时,F_{n+D}/F_n 的极限接近 G^D,其中 F_n 是第 n 个斐波那契数,G 是黄金比例,而 D 是任何整数。——原注

猴子与拼图

我们很熟悉可用于地面,或用于浴室的墙面,或花园的露台的瓷砖。通常情况下,它们是正方形或长方形的,铺陈它们并不是一个巨大的挑战,除非它们有需要匹配的图案跨越每一条边。魔方以及它基于现代计算机扩展的平面前身——老式儿童拼图游戏就是这种情况。

"猴子拼图"是由9个正方形卡片组成,每个卡片上有4只半个身子的猴子,身上印有不同的颜色和两种可能的方向。

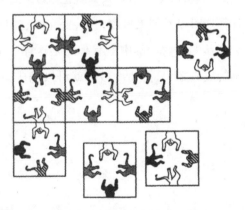

这个游戏的意图是把每只猴子的两半拼起来,使得正方形由相同颜色的完整的猴子组成。我们大多数人经过一些试错法后都可以解决这些问题,但对于初学者会是一个相当漫长的过程。考虑你要处理多少种可能性。有9种方法来选择第一张卡片,然后对于每种选择会有 8 种方法去选择第二张卡片,7 种方法去选择第三种卡片,以此类推。但是当每张卡片被选择后又有 4 种不同的方向可以放。所以有 $9 \times 4 = 36$ 种方法来选择第一张卡片的放置。总体而言,这意味着有 $9 \times 4 \times 8 \times 4 \times 7 \times 4 \times 6 \times 4 \times 5 \times 4 \times 4 \times 4 \times 3 \times 4 \times 2 \times 4 \times 1 \times 4 = 362\,880 \times 4^9 = 362\,880 \times 262\,144 = 95\,126\,814\,720$(超过 950 亿)种可能的方法在一个 3×3 的网格中铺陈这些卡片①。

这些数表明,当我们尝试(而且往往成功)解决这些问题时,我们不是通过系统地对这 950 多亿种可能性进行搜索,来查看哪种能够使所有猴子的身体相同的颜色匹配起来。我们先摆放第一张卡片,然后尝试匹配其他卡片。当我们继续时,有可能会折回,并移开我们在前一个步骤中放下的卡片,使得下一步的拼图能组合在一起。所以我们每一步都在学习一些东西,而不是仅仅搜索所有的可能性。

这个简单的拼图中产生的可能性的数目简直是天文数字,接近银河系里恒星的数量。如果我们再用 25 张卡片拼成 5×5 的更大的拼图,那么即使用地球上最快的计算机逐个探索各种可能性,也需要比宇宙年龄长数十亿倍的时间。

对铺陈图案的可能排列的装饰策略也得到了同样巨大的数,它们实际上是取之不竭的人类思维的探索,甚至在引入其他颜色或纹理之前也是。然而,这也说明了某些事物的计算费时以及如无极度兴趣,要完成它们是困难的,因为在每一步中没有产生什么新颖的东西。其中最有趣的是这样一个事实,一旦你已经找到猴子拼图的正确解决方案,只需要一秒钟就可以完成检查并确认这是个正确的解决方案。

---

① 如果有 N 个小方块,每个允许有 4 个方向,那么可能的拼图配置总数为 $N! \times 4^N$。我已经计算了当 $N = 9$ 时的情况。请注意 4 个最终的解决方案是相同的,因为它们对应地将整个拼图旋转了 90 度、180 度、270 度或 360 度,这从不同方向看是一样的。——原注

悦耳的声音

我们认为历史上首先将音乐作量化理解的是希腊人。通过对弦乐乐器的大量练习,希腊人发现如果你将一个拨弦长度分成两半,就会产生一个悦耳的音程,我们称之为"八度"。在这种情况下,声波频率的比例是 2:1。如果取拨弦长度的 1/3,就会得到另一个悦耳的音程,我们称之为"纯五度",该声音的频率比为 3:2。

毕达哥拉斯学派对数的看法不同于现代的数学家,因为他们觉得数本身是有其内在意义的。举个例子,"7"是有它的意义的,并且自然界中所有 7 的倍数的量都跟这个意义有关联。发现有数深深根植于音乐中,对于他们是一个非常深刻的真理。很自然地,他们会问是否只需一遍又一遍地使用频率比 3/2 就能由纯五度得到一个八度的整数。这等价于询问 2 的整数次幂能否与 3/2 的整数次幂相等;也就是说,是否存在正整数 p 和 q 能够解如下方程:

$$(3/2)^p = 2^q 。$$

唉,这是不可能的,因为没有 2 的幂,如 2^{p+q}(它一定是一个偶数),能够等于 3 的幂,如 3^p(它一定是一个奇数)。虽然没有精确的解可以使这个方程成立,但有准确度很高的近似解,我们用一个约等号来表示这近似等式:

$$(3/2)^p \approx 2^q 。$$

特别是毕达哥拉斯主义者指出,选择 $p=12$ 和 $q=7$,可以得到一个很好的"近似"解,因为 $2^7=127$,而 $(3/2)^{12}=129.746$,假设它们近似相等,那么误差小于 1.4%。选择 7 和 12 有一个很好的特点,它们没有任何共同的因子(1 除外),因此反复乘以 3/2 不会产生已生成的频率,直到它被乘以 12 次,所谓"五度循环"后结束。由 3/2 相乘得到的 12 个不同的频率都将是由 $1:2^{1/12}$ 得到的基础频率比例的幂,它被称为"半程音"。第五个是大约 7 个半程音间隔 $2^{7/12}=1.498\approx 3/2$,这个 1.5 和 1.498 之间的微小差异被称为"毕达哥拉斯间隔"。

通过选择 $p=12$ 和 $q=7$ 得到的几乎相等似乎是一个侥幸的猜测,但我们现在知道了,有一个系统的方法通过产生无理数的无限精确分数近似来生成更好的猜测[1]。$(3/2)^p\approx 2^q$ 和如下的等式是一样的(取对数):

$$(q+p)/p=\lg 3/\lg 2$$

如果将 lg2/lg3 展开为连分数,它将永远继续:

$$[1,1,1,2,2,3,1,5,\cdots]$$

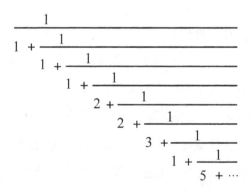

我们可以在任何时候结束这个连分数的阶梯状,将其归整到一个单一的分数。如果我们在展开中保留更多的项,这个合理的近似将会更准确。如果我们

---

① π 的近似 22/7 是一个学校里的熟悉例子,而更好的近似为 355/113。——原注

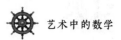

在第五项后就结束,我们将会得到①:

$$19/12 \approx \lg 3/\lg 2$$

这意味着 $(q+p)/p = 19/12$ 并且 $p = 12$ 及 $q = 7$,这才是我们需要的。如果我们通过截取到第 6 项选择下一个更精确的合理近似,我们会得到 $(q+p)/p =$ 65/41,选择 $p = 41$ 和 $q = 24$,也会有效。我们可以继续下去,在将连分数整理成一个单一分数以前,得到越来越接近 p 和 q 的近似值。

---

① 通过在连分数展开式中保留 1,2,… 项,递次的有理近似数为 1,2,3/2,8/5,19/12,65/41,84/53,…——原注

从旧式铺陈
到新式铺陈

有时候一个复杂问题的更有趣的解决方法,只需要修改一下一个已知的简单问题的解就可以得到。来看在一个平整表面(就如同你庭院的墙壁或地板)用形状相同的瓷砖网格状铺陈的问题。正方形或长方形瓷砖可以完成,但这样不是很有趣。稍微更冒险的做法是用平行四边形(倾斜的正方形或长方形)或等边六边形。

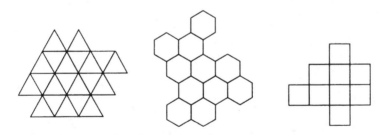

如果你可以将瓷砖旋转,就有替代方法的存在了。例如,沿对角线切割正方形或长方形的瓷砖能够产生三角形的瓷砖,你甚至可以轮换你切的对角线,以增加更多的变化。我注意到,这种类型的图案在美洲原住民文化的织物设计中是常见的。

还有另一种更不寻常的方式,要求你不用简单的正方形和长方形瓷砖,而使用任何形状的瓷砖,只要你保持一定的约束。从一个长方形开始(正方形只是长方形的特例,它的四条边相等);将底部的任何形状移到顶部;同样将左边的任何形状移到右部,如下图所示。

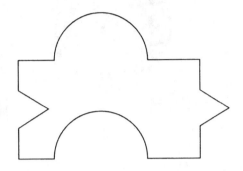

你可以看到一组这种形状古怪图案的复制品,它总是能够组合在一起并铺陈在任何平面上。唯一的困难是在当你想要结束这个模式时。如果你希望边缘是直的,你可以很简单地将这些瓷砖中一块的顶部或者边上的切片放置到相应位置就可以产生直线边缘,整体图案很好地完成了。

这个非常简单的铺陈秘诀被埃舍尔(Maurits Escher)以一种令人印象深刻的方式使用,呈现在他的一些伟大的棋盘图案中。例如,你可以在《黑骑士和白骑士》(*Black and White Knights*)的设计中看到,铺陈的形状像骑在马背上的骑士在交替行间行进,白骑士从左到右,黑骑士从右到左。所有相互交织的图形实际上是一个单一形状的铺陈。

九度角的
解决方案

简单的几何形状可以创造出漂亮的设计,也可以给尴尬的设计问题提供出乎意料的优雅的解决方案。一个影响深远、思想简单的有趣例子,是如何设计一艘航空母舰的飞行甲板。1910 年到 1917 年,美国和英国皇家海军尝试从静止和移动的船舶上起飞和降落飞机,这是个非常危险的举动。第一个将飞机降落到固定在移动船舶平台上的人,也是当天晚些时候在飞机降落到船舶事故中丧生的第一人。1917 年,如"百眼巨人号"这样的大型船舶都有一个额外的顶层降落甲板,像一个平坦的屋顶覆盖其整个长度。这逐渐演变为更熟悉的浮动跑道配置,这是所有二战航空母舰的标准配置了。每一艘这样的航空母舰都使用一条浮动跑道,既用于起飞也用于降落,所以每次只能有一种操作。他们面临的最大问题是使降落的飞机必须足够快地停止,才不会撞到正在等待起飞的飞机。起初,水兵们会冲出来抓住正在着陆的飞机的某部分,帮助飞机减速。只有当飞机移动缓慢并且是轻型飞机时,这种办法还算合理,但当飞机变得更沉重,速度更快时,要用遍及降落甲板的钢丝拦阻网来网住飞机。最终引入了拦阻索(通常为 4 道间隔 6 米的拦阻索)来拉住飞机轮子使其迅速慢下来。不幸的是,仍有灾害事故频繁发生,因为进场的飞机很容易弹跳过拦阻索——甚至是拦阻网——与停着的飞机相撞。更糟糕的是,日益强大的飞机需要更长的停止距离;

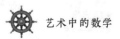

碰撞的风险居高不下,而且拦阻网本身也常常损坏飞机。

答案很简单。1951 年 8 月 7 日,英国皇家海军上校(后来成为海军少将)坎贝尔(Dennis Cambell)有了一个想法,降落甲板应该向一侧倾斜——9 度成为最常用的角度——这样降落的飞机可以沿甲板的整个长度降落,而等待起飞的飞机可以停靠在它们自己船头的跑道上。

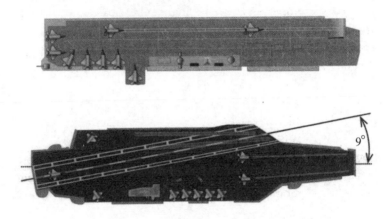

这真是一个好主意。起飞和降落现在可以同时进行。如果降落的飞机的飞行员认为他将要冲过跑道,他可以加速重新启动而不会撞到它路径上的任何物体,而靠近船头部位的甲板的形状,可以增加对称性并为正在等待起飞的飞机添加额外空间。坎贝尔在等待参加航空母舰安全降落事宜的委员会会议时想到了这个主意。他后来回忆说,他为这个新想法准备了一个热情的、简短的发言,"我承认我有些夸夸其谈,并在没有得到预期的可喜惊呼时而有些恼怒。事实上,会议上的反应是混合着冷漠和轻微的嘲笑。"幸运的是,一位在场的皇家航空研究院的技术专家波丁顿(Lewis Boddington),立即赞赏了坎贝尔这一想法的重要性,很快就成为海军计划的一部分。

在 1952 年到 1953 年,许多航空母舰翻新了斜角甲板。第一个用上这种设计的是 1955 年建成的"皇家方舟号"——在坎贝尔的亲自指挥下——最初偏移 5 度角,后来改为 10 度角。

一个进一步的几何技巧也来了。英国皇家海军引入了一端向上弯曲的起飞甲板,通常约 12—15 度,以提升其起飞时的向上升力,否则起飞时的上升速度是最小的。这种跑道被称为"助飞斜坡",因为它就像奥运会的跳台滑雪下降到底部的曲线,使得较重的飞机能从更短的跑道上起飞,它可以使航空母舰上的飞机起飞所需的跑道长度几乎缩短一半。

纸张大小和
一书在手

在本书第9章对旧手稿的文本布局和书籍页面设计的准则的分析中,我们提到过在中世纪最受喜爱的一种纸张的高宽比 R 等于3/2。后来,当纸张制造商生产纸张时,另一个最受喜爱的选择是 $R = 4/3$。当纸张被对折时,我们称为"对开本"。

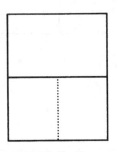

对折后顶部半页的高度(它的长边)为3,而宽度为2,所以 $R = 3/2$。如果我们将此部分再对折或切掉一半(沿虚线部分),那么剩下页面的高度为2,而宽度为3/2,所以我们又重新回到了 $R = 4/3$。如果我们继续折叠,后续页面的 R 值将以 $R = 3/2$ 和 $R = 4/3$ 交替展现。

今天,一个不同的、在某种方面说是优化的选择为 $R = \sqrt{2} = 1.41$。用2的平方根可以确保,当我们将最初高宽比为 $\sqrt{2}$ 的纸对折时,得到新页面的高宽比 R 相同。无论我们对折多少次,这个良好的属性一直继续下去,它的高宽比总是$\sqrt{2}$。这是页面大小比例总是一样的唯一选择①。比如说我们选择初始宽度为 1,高度为 h,我们得到 $R=h$;将纸张对半切,新的页面的高度为 1,宽度为 $h/2$,则 $R=2/h$;只有当 $2/h=h$ 或 $h^2=2$ 时,才有 $R=h=\sqrt{2}$。

我们熟悉的 A 系列纸张尺寸,现在是到处都在用(美国除外)的国际标准,从 A0 的开始,面积等于 1 平方米,因此它的高度是 $2^{1/4}$ 米,它的宽度是 $1/2^{1/4}$ 米。对折后后续纸张尺寸,分别标记为 A1、A2、A3、A4、A5,等等,都有相同的高宽比 $R=\sqrt{2}$,它们如下图所示。

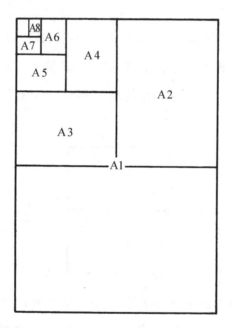

但是对于书籍,我们发现受欢迎的高宽比再次改变。A 系列纸张大小一般不会出现在图书中,除非是一本从网上下载,或通过文字处理器用常规打印机

---

① 如果你想三等分一个页面,而不是二等分,在将它切割为 $R=3/h$ 后,只有当 $R=\sqrt{3}$ 时,它与 h 的比与原始的 R 值相等。——原注

(打印机总是用 A 系列纸张①,除非你是在美国)打印后自己出版的书。

有两种情况需要考虑。如果要读的书总是平放在桌面上或者讲台上——比如笨重的参考书、大型的教会《圣经》、百科全书和横向打印的图画书,它们的 $R < 1$——那么任何 R 比例都是方便处理的。但如果一本书要拿在手里读,那么更轻的书是首选。页面的高度需要超过页面的宽度($R > 1$),否则很快你的手指和手腕会很累——即使你不断交换拿书的手来缓解受力。选择 $R = 1.5$,或者著名的"黄金"比例② $R = 34/21 = 1.62$,按照这两个比例出版的书拿在手里可以很容易地平衡,避免由于宽度过宽产生糟糕的扭矩③。

---

① 这确保了一个 A4 文件的缩小复印不需要改变复印机的托盘。复印机提供的缩小因子通常是 70%,近似 $0.71 = 1/\sqrt{2}$。如果你要放大复印,它将显示为 140%,大约是 $1.41 = \sqrt{2}$。将两页 A4 纸缩小 $\sqrt{2}$ 到 A5 大小,意味着它们可以并排打印在一张 A4 纸上。美式信纸尺寸没有这种有理的特征。——原注

② 黄金比例的精确值是 $G = (1 + \sqrt{5})/2 = 1.618\cdots$,而分数 34/21 是这个无理数的一个很好的近似。两个量 A 和 B 为黄金比例,如果 $G = A/B = (A + B)/A$,那么 $G^2 - G - 1 = 0$ 给出 G 的解。——原注

③ 当书变得很小,$R = \sqrt{3} = 1.73$ 或 $5/3 = 1.67$,是最常见的高宽比。——原注

黑便士和红便士

　　1840 年由希尔（Rowland Hill）发明的粘贴式邮票，是那些奇妙的简单想法之一，回顾起来，你会疑惑它是如此显然而又和之前的事情大相径庭。它们确实与曾经不一样。在那之前英国的邮件服务令人不满，并且效率低下。富人和特权阶层的邮件是由专人递送，而公众则是猖獗的暴利的受害者。1837 年希尔（Hill）在一本名为《邮政局改革：其重要性与实用性》（*Post Office Reform, Its Importance and Practiability*）的小册子中计划提供更好的邮政服务，指出一封信从伦敦到爱丁堡目前会花费寄信方 1 先令 1½便士，但邮政局的投递成本不到 1/4 便士①——多了 53 倍！

　　邮资的费用是由要邮寄的纸张数量决定的，那时通常不用信封，因为它们会作为纸张被额外计费。邮资总是由收件人承担的，如果他/她拒绝接受这封信就不用支付。这个系统对欺诈敞开大门。不择手段的通信者可以在信上做标记或其他暗示（大小、颜色、形状），以便收信人可以得到信息而不用接受信件并不用支付这封信的费用：这封信的到来可能就是需要传递的信息。

---

① 1 先令（s）等于 12 旧便士（d），1 便士等于 4 法寻 $\left(\dfrac{1}{4}d\right)$。——原注

希尔用来解决所有这些问题的新方案很简单,但很新颖:"只要一张大小足够敲上印章的纸,在它的背面有粘涂层,使用者可以用一点水,将其粘到信的背面。"换句话说,他发明了粘贴式邮票。新方案中将由发信人支付,在不列颠群岛任何两点之间的所有半盎司邮件成本都只有 1 便士。预先支付以及邮件使用的增加,加上避免邮政系统的无偿和欺诈使用,所有这些都将带来很好的利润。希尔还发明了前门信箱,以提高投递效率:"不仅不用停下来等待接收邮件,甚至不用等待收件人开门,因为每个房子会提供一个信箱,邮递员把信件投入,敲敲门,然后继续前进。"

尽管最初有来自邮政大臣的反对,邮政局损失原来过高定价带来的不合理的高收入,而贵族担心他们将失去免费的服务,但是希尔的提议还是获得了公众的普遍支持。反对方不得不改变自己的想法,于 1839 年 8 月 17 日,邮资关税法案得到王室的批准,成为法律。

财政部举行了一个比赛来寻找新的 1 便士邮票的最佳设计。几个月内选出了一个设计方案,确定了使用的纸张、油墨和胶水,经典的黑便士邮票设计完成。1840 年 5 月 1 日,邮票第一次在市场上出售,当天就出售了 60 万张,尽管这些邮票直到 5 月 6 日才能使用①。

一开始,邮票没有打孔,必须从有 240 枚邮票(那个时期 1 镑等于 240 便士)的整板邮票纸中人工剪下来。一个整版邮票有 20 行及 12 列,每枚邮票有两个检查字母表示其在整版邮票中的位置——左下角给出行数,右下角给出列数。

邮政局非常担心欺诈行为。当一枚邮票被使用过后,他们必须注销以防再次使用。不幸的是,在这方面黑色邮票不是最好的颜色选择,因为黑色邮票上的黑色墨水注销邮戳很难看清,这使得邮票又可以重复使用。解决这个问题的方

---

① 现在存有两张于 5 月 2 日和 5 月使用过的邮票,非常有价值。粘贴 5 月 5 日邮票的信封现存于英国皇家集邮收藏中。——原注

法就是用一个红褐色马耳他十字形的注销邮戳,但红墨水不难去除或掩盖。第二枚邮票出现了,用于稍重邮件的两便士蓝色邮票,对于黑色注销邮戳来讲好了许多。不久,在 1841 年,1 便士的黑色邮票被 1 便士的红色邮票替代,简单的黑色邮戳在上面清晰可辨。

另一种欺诈的类型也是邮政局关注的。如果一枚注销邮戳只覆盖一部分的邮票,那么决意盗用邮票的小偷们仍然可以积累大量用过的邮票,将信封浸泡后取下邮票,切掉覆盖了注销邮戳的部分,再重新拼接成一枚崭新的邮票——他们就这样做了! 重新拼接的邮票用胶水贴到新的信封上。同样令人担忧的是,简单的溶剂就可以去除邮票上的注销邮戳,而不会明显损坏下面的邮票。希尔更多地参与到实验中寻找制作注销邮戳的最好油墨。

一个简单的解决方法是用注销邮戳覆盖整个邮票,另一个解决办法则更加优雅。

原来的设计是只在邮票底部两个角的位置印字母来表示它在一张整板邮票中的位置(上面的两个角上有装饰性符号),而在 1858 年发生了变化。在排除一些不必要的复杂建议后,博克纳姆(William Bokenham)和鲍彻(Thomas Boucher)想出了一个优雅简单的办法。在顶角放置两个字母,并与底部的字母顺序相反,这样从左上角到右上角为 AB(A 指示该邮票在一张整版邮票的位置,B 表示第一行的第二枚邮票),底部为 BA,如下图所示。

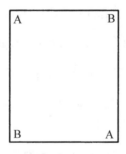

这是一个很好的技巧,因为它阻止了诈骗者简单拼接两枚已注销邮票的未

被标记部分来做成一张新邮票。两枚拼接的邮票不会有互相匹配的角字母。针对有可能在不同的整版上找到有相同的顶部和底部的检查字母对的不同邮票的情况，一个额外校验将整版邮票的版号不起眼地印在邮票的两个垂直边的中下部。这个方法是现代校验数位编码的前身，校验数位编码被用于验证钞票连续号、国家保险号、航空订票参考号及其他可能被伪造或简单地误键入的官方"号码"。一个票证号码的简单的内部数字检验——例如在每一个数字上乘以一个数字然后将结果相加再除以 9，得到余数始终相同——可以确保避免许多错误和弄虚作假的行为。

尽管新的邮票字母校验系统的简单性，以及它即时被希尔爵士批准，新版 1 便士邮票的制作仍是一个艰巨的任务，因为要大量印制（最终印制了 225 版）满足邮票的巨大需求，每版上印有数百万张。因此，新的 1 便士红色邮票直到 1864 年才出现。较少使用的两便士蓝色邮票只印了 15 版，在起初的 8 版已被定价和制作后，到 1858 年 6 月才开始印刷。随后，1864 年后，这个字母校验系统被用于维多利亚时代的所有邮票中。事实上，它的传承一直延续到今天，英国邮票的专业收藏家寻找每一枚邮票的所有不同版数，甚至试图利用字母模型重制整版 240 枚邮票。最珍贵的使用过的邮票的例子——信封上与另一枚常见的 4 便士邮票一起的一枚 1 便士红色邮票，它是 77 版中的，据悉该版中只有 4 枚未使用过的邮票和 5 枚使用过的邮票①，——最近在吉本斯（Stanley Gibbons）的网站上打广告售卖，价格为 550 000 英镑。据他们报道，这是他们曾经出售过的最有价值的单张邮票。伪造者们还在，现在大概正在专注于试图从 177 版的 1 便士红色邮票中去掉"1"。

---

① 原有印版因为穿孔问题被撤回了，但少数几枚似乎进入了公共领域。违规的整板很快被涂损而销毁。四枚著名的未使用副本之一现保存于皇家收藏中，第二枚保存在大英图书馆的塔普林收藏中，第三枚于 1965 年从拉斐尔收藏中被盗走，而第四枚（真实性可疑）在 1920 年代与法拉利收藏一起被售出。后面两枚一直都没有再被听说过。——原注

素数时间周期

许多节日和体育赛事是每隔几年定期举行的。奥运会、世界杯和其他大型国际体育赛事是显而易见的例子,但实际上很多会议、音乐会、艺术节以及展览也是定期举行的。如果你参与组织这样的定期活动,你会发现一些一次性活动不会遇到的特殊问题。它们的活动周期必须保持不与其他可能的类似活动周期相冲突。例如,2012 年我们看到了欧洲田径锦标赛周期改为两年的后果,锦标赛就在奥运会前几周进行,只有极少数的运动员能参加这两个比赛。

活动时间冲突的一般问题很简单。如果某一个活动每隔 C 年(或月或日)举办,那么它与周期是 C 的因数的活动有时间冲突的风险。所以如果 $C = 4$,那么有可能与周期为一年或两年的活动在同一年举办。如果 $C = 100$,那么你要担心周期为 2、4、5、10、20、25 或 50 的活动。这意味着避免冲突的秘诀是选择周期 C 是一个素数。它没有因子(除了 1),这样就将发生冲突的可能性降至最低。奇怪的是,很难找到这样做的活动。最伟大的体育赛事如奥运会,世锦赛,世界杯都采用 $C = 4$,从来没有 $C = 5$。

在生物学领域有个有趣的现象对应这个问题。有种类似小蚱蜢的昆虫叫作蝉,以植物和树叶为食物。蝉的一生大部分时间生活在地下,仅仅冒出地面几周来交配、唱歌,然后死去。有两种美洲品种的蝉,都属于北美周期蝉属,尤其挥霍它的生命周期中的显著时期。在美国南部发现的一种蝉在地下生活 13 年,而另一种在东部被发现的蝉在地下生活 17 年。它们在树上产卵,而当卵落至地面时,幼体进入地下,附着于树根上。然后,13 年或 17 年之后,蝉会在短短的几天里大量地出现在大约 100 多平方英里①的土地上。

这种非比寻常的行为引发了许多问题。13 年或 17 年的周期时间是非常独特的,因为这两个都是素数。这意味着寄生虫以及其他生命周期较短的食肉动物(它们中的许多只有 2—5 年的生命周期),都将无法与这类蝉步调一致并消灭它们。如果一种蝉有 14 年的生命周期,它将容易受到生命周期为 2 年和 7 年的食肉动物的攻击。

小于 13 的素数会怎么样呢?生物学家认为,这种低频地繁殖是为了应对它们栖息地常见的急剧霜冻,更少的生育是对处于危险环境的对策。它还确保了常见的食肉动物,特别是鸟类,不能完全依赖于捕食它们而生存,因为它们只是每 13 年或 17 年才出现一次。

最后,为什么它们都在仅仅几天内同时出现呢?同样,从长远来看这可能是获得胜利的一种策略,因为这样做的蝉比那些不这样做的蝉生存的概率更高。如果它们在很长的一段时间内数百万地出现,那么鸟类会很愉快地每天适量地享用它们,结果将是它们都会被吃掉。但是如果在很短的时间内几乎所有的蝉都出来,鸟类会很快吃饱,大量的蝉将能够生存下来,因为捕食者已经吃得太饱,再也吃不下了②。在进化过程中通过试错法发现了素数时间周期的存在。

---

① 1 平方英里相当于 2.59 平方千米。——译注
② 在同一个洞穴中的雌兔往往同步怀孕,这样大批幼兔大约在同一时间出现,捕食者,如狐狸,就会遇到供过于求的局面。——原注

如果你不能衡量它，为什么不呢

政治家、社会科学家、医学研究人员、工程师和经理似乎都有衡量事物的有效性的想法。他们的目标是值得称赞的：他们用给优良的事物打分的办法，通过优胜劣汰让事情变得更好。但我们凭直觉地感到，有些事情，比如美或者不开心，不能唯一地被量化。有什么办法弄清楚为什么会是这样呢？

美国逻辑学家迈希尔（John Myhill）给了我们一个有用的方法来思考这个问题①。这个世界最简单的是那些有"可计算性"属性的事物。这意味着有个机械的过程来决定某个事物是否具有这种属性。一个奇数、一个电导体，或者一个三角形，在这个意义上都具有可计算属性。

也有事物的属性比这更微妙。熟悉的属性如"真理"，或"成为一个天才"，比可计算的属性更难以捉摸，只能列举。"可列举性"意味着你可以构建一个过程来系统地列出具有你所需属性的所有事物（如果例子的数量是无限的，它可能需要无限时间来完成清单）。然而，不具备所需属性就没有办法列出所有的情况。如果你做到这一点，那么这个属性就是可计算的。很容易看到，在没有一个给定属性的情况下要列举出事物是一个真正的挑战——比如列出宇宙中所有

---

① 迈希尔，《形而上学评论》(*Review of Metaphysics*)，6，165(1952)。——原注

不是香蕉的事物——知道它们是什么是一个相当大的挑战。

事物(或人)的许多属性是可列举的,但不是可计算的①。迈希尔接着承认事物的有些属性既不能列举也不可计算。他把这些称为预期属性:在有限数量的演绎步骤中,它们既不能被认知,又不能被生成,也不能被测量。这些是不能由任何有限的规则集合、计算机打印输出、分类系统或电子表格完全捕捉的事物。简单、美丽、信息和天才都是预期属性的例子。这意味着没有魔法公式能够生成或排列这些属性所有可能的例子。没有一台计算机程序能够产生所有艺术美的例子,当它们出现时,也没有一个程序能够全部识别它们。对于预期属性,能够做的最好的事情就是用一些能够被计算或列举的特征去接近它们。以"美丽"为例,我们可以寻找某种类型的面部或身体对称性的存在;而以"天才"为例,我们可以挑选一些智力测验,如智商测验(IQ)。这些特殊特性的不同选择将会给出不同的结果。根据定义没有办法描述,甚至识别所有这些可能的亚特征。这就是为什么复杂系统的科学,包括描述人的特性,是如此的困难。没有"万能理论"能解释或预测莎士比亚的作品。没有一个是完整的。

---

① 在一个没有哥德尔不完备性定理的世界里,每一个算术表达都是可列举的。——原注

星云的艺术

　　光鲜亮丽的天文杂志和图画书籍中的基本图案既不是恒星,也不是星系,而是星云。爆发的恒星将能量高速辐射到它们周围,结果是壮观的。辐射与气体和尘埃形成的云相互作用,产生了一道彩虹的颜色,暗示着各种神秘的宇宙事件。居间尘埃形成的暗云以生成鲜明的黑暗边界增添显示度,使我们靠想象力看到想看到的东西——在宇宙尺度上具有重要性的墨渍测试。看看由这些星云所想象出来的名字:蜘蛛星云、马头星云、蛋状星云、北美洲星云、项链星云、三叶星云、哑铃星云、猫眼星云、吃豆人星云、苹果心星云、火焰星云、心脏星云、灵魂星云、蝴蝶星云、鹰状星云和蟹状星云——没有一块想象的巨石被放过。

　　这些现代天文图像有一个引人入胜的潜台词,已经被斯坦福大学艺术史学家凯斯勒(Elizabeth Kessler)注意到了。以一个艺术史学家,而不是一个天文学家的眼光看哈勃太空望远镜拍下来的这些星云图像,凯斯勒看到了 19 世纪美国西部艺术家如比兹塔特(Albert Bierstadt)和莫兰(Thomas Moran)的伟大的浪漫主义油画的回声。这些油画展现的壮丽景观,激发了首批移民以及探索者开拓这片具有挑战性的新疆域的雄心。这些具有代表性的地区,如大峡谷和纪念碑峡产生了景观艺术的一个浪漫传统,在人类心灵中埋下了重要的心理"诱饵"。艺术家伴随探险者进入西部,捕捉到新疆域的自然奇观,并说服家乡亲友冒险的伟大和重要性。这个光荣的传统由今天的战争艺术家和摄影师延续下来。

你会问,这怎么可能? 天文照片肯定是天文照片。不完全是哦。由望远镜的相机收集的原始数据是关于波长和强度的数字化信息。这些波长常常在人眼灵敏度的范围之外。我们看到的最后的照片涉及选择如何设置颜色标度并创建一幅图像的整体"样子"。有时在不同颜色带的图像被结合起来。各种审美的选择,正如它们是旧时代的景观艺术家作出的选择,因为这些特别高品质的图像是于展示的,而不是用于科学分析的。

通常情况下,哈勃望远镜观察者采用在不同颜色带的原始图像数据的三种不同过滤版本,清除掉缺陷或不必要的扭曲,然后再将所有的内容缩到一个四方图像之前,为图像重现添加选定颜色。这需要技巧和审美。鹰状星云就是一个著名的哈勃图像。它有双重名声。它显示了气体和尘埃组成的巨大柱状物在太空中像石笋一样向上延伸,它们便是从气体和尘埃中形成新恒星之处。凯斯勒在这里唤起了对莫兰的画作《科罗拉多河上游的悬崖,怀俄明州境内》(*Cliffs of the Upper Colorado River*, *Wyoming Territory*)的回忆①,该作品创作于 1893 年到 1901 年,现收藏于美国国家艺术博物馆。鹰状星云的图像可以任意定向为"上"或"下"。它的创作方式和使用的颜色让人联想起一些伟大的西部地域的风景,像莫兰的作品,将观众的眼睛吸引到光芒雄伟的山峰。气体的巨大气柱就像天文景象的纪念碑峡谷;闪烁着的过度曝光的前景星,说不定将来就是太阳的替代者。

事实上,人们可以沿着这条线路去比凯斯勒更远的地方探险。我们特别欣

---

① 见史密斯(R. W. Smith)和德沃金(D. H. De Vorkin)的《哈勃太空望远镜:宇宙成像》(*The Hubble Space Telescope*: *Imaging the Universe*),《国家地理》(*National Geographic*)(2004)和凯斯勒的《描绘宇宙:哈勃太空望远镜成像和天文壮观》(*Picturing the Cosmos*: *Hubble Space Telescope Images and the Astronomical Sublime*),明尼苏达大学出版社,明尼苏达(2012)。——原注

赏一个特定类型的风景图像,它们在西方传统艺术馆里占据主导地位,我们发现这些图像是如此吸引人,影响了观赏性花园和公园的创建。它体现了深层次的敏感性和对安全环境的渴望。几百万年前,我们的祖先开始进化的旅程,沿着这旅程有了现在的我们,任何喜欢更安全的环境和提高生活质量的人都比有着相反倾向的人有更高的生存机会。我们在对风景的喜爱中看到这种进化心理学,这使我们能看见而不被看见。因此这些环境被称为"瞭望与庇护"的景观。它们允许观察者从一个安全有利的角度看得更广。我们发现大多数有吸引力的景观艺术都有这个主题。事实上,图像也超越了表现派艺术。《草原上的小木屋》(*The Little House on the Prairie*)、火炉边、树屋、歌曲《万古磐石》(*Rock of Ages cleft for me*)的共鸣,都是"瞭望与庇护"的例子。这是非洲大草原环境的信号,在那里人类最早的祖先进化和生存了数百万年。开阔的平原夹杂着丛生的树木——就像我们的公园——让我们看见而不被看见。

相比之下,有着蜿蜒的路径和危险的角落的茂密黑森林,谁知道有什么危险者潜伏在那里,是完全对立面,就像1960年代的塔状公寓楼,有着讨厌的走廊和黑暗的楼梯,这些都不是诱人的环境。"瞭望与庇护"型的环境是那些你觉得被吸引进去了的。这个测试可以适用于所有类型的现代建筑。哈勃太空望远镜拍摄到的美丽的天文照片没有这种必要性,但可以说它们已经受到其他艺术与人类心理共鸣的影响了。

反向拍卖：
回到圣诞节

拍卖是个奇怪的事件。经济学家、艺术家和数学家往往会基于每个人的行为都是理性的假设分析他们的逻辑。实际上这种假设不太可能正确，我们都意识到我们自己对待风险的不对称态度——比找到 1000 镑，我们更担心失去 1000 镑。金融交易时，试图阻止交易损失比在交易成功时试图增加利润，金融交易员将承担更大的风险。我们对风险的自然厌恶情绪往往使我们在拍卖时出高价，因为我们宁愿花更多的钱也不愿冒失去这个项目的风险。当许多买家被这种方式所驱使出高价时，就会产生失控的影响。在其他情况下，这种不合逻辑的风险厌恶对社会是有益处的。停车场管理员可能会很少来检查谁不出示停车付费凭证就擅自将车停在停车场里，但我们几乎所有的人都会从停车付费设备中购买停车票。

在拍卖中投标者有一种倾向，认为他们自己在某些方面与其他人"不同"——没有其他人会出这样高或这样低的价——而无视独立选择的大量统计。一个有趣的例子是创建一个反向拍卖，潜在的买家被要求为一个东西竞价（以整数英镑计），而获胜者为不与别人的出价重复的最低价。

你是如何考虑的？最好的选择可能是出价 0 或 1。但每个人都会这样想而不这样做，所以也许我应该胜出他们，无论如何就这样做吧！这种思维就是一个典型,假设你是特别的例子,认为别人不会有相同的想法。另一种方法可能是你应该选择一个"小的"数字。没有人会选择一个非常小的数字因为他们认为它太明显了,不会是唯一的。没有人会选择一个非常大的数字因为它很可能不是最小的。所以实际上只有相当窄的数字范围,比如说从 8 到 19,取决于有多少竞拍者,似乎很有可能是最小的唯一选择。从逻辑上讲,有无限的出价金额可以选择,但实际上我们看到,任何人的选择范围都只有一个有限界域。

是否可能存在一个最优策略告诉我们什么是最佳金额呢?假设有这样一个策略,考虑到竞价者的人数,你应该报价 13。但这个最优策略也会是你所有的竞争对手的最优策略。如果他们也投标 13,那么,你们都会输掉。所以没有这样的最优策略。

另一种有趣的拍卖类型是投标有一个成本。这种被称为"全支付"拍卖。失败的买家不得不支付他们最大的失败出价(或者有些是出价的一个指定比例)。在某些情况下只有出价最高的两个买家支付。这当然鼓励投标继续,如果你不继续下去,则你出价越高,你损失得越多。这种拍卖听起来疯狂,但它们以稍微改变的方式存在于我们身边。比如抽奖就是这样的。每个人都买了奖券,但只有一个是赢家。看看美国总统的选举。实际上候选人是在投标(甚至用的就是相同的词)成为总统,投入了大量的资金以资助投标。如果他们输掉选举,那么他们失去所有的钱。同样,在整个动物王国我们发现雄性为争夺与雌性交配的权利或者争夺首领位置而打斗,两头河马或两只雄鹿打斗,不成功"投标"的失败者的健康代价可能是非常大的。

敬神的祭典几何

几何和宗教仪式有着古老的联系,它们都敬畏对称、秩序和图案。其中最广泛的联系可以在古印度教手册《绳法经》(*Sulba Sūtras*)中发现。梵文的名字来源于实地勘测员用小栓钉连接起来的绳标画的直线,今天我们仍能看到砖瓦匠为了确保墙壁的笔直也在这样做。

《绳法经》是公元前500年到公元前200年之间写的,它提供了用于创建仪式祭坛所需的几何结构的详细规则。家宅中的祭坛,可能是搭砌些简单的砖块或地面上划些标记线。更复杂的结构会被用于公共服务。祭坛本身被认为有能力将事物变得更好或更糟,并且必须以适当的方式得到尊重和供奉。

显然从这些操作指南可以看出,早期印度社会对欧几里得著名的希腊几何学已有了相当程度的了解。要撰写祭坛建造的操作指南显然要对毕达哥拉斯定理及类似的定理有所了解。

祭坛结构最有趣的和有几何挑战性的方面是那种信念,如果事情对你,你的家人或你的村庄不利,那么某种邪恶的力量已经开始主宰你的生活,你必须采取措施克服它。让祭坛变大是必要的一步,意味着要增大表面积,这对《绳法经》的作者是一个复杂的几何问题。

最常见的一种祭坛风格,形状像"鹰",是由许多不同形状的小直边砖块组成的。典型的祭坛建筑砖块顶面的形状为平行四边形、三角形或切除了一个三角形切口的矩形。如下图所示。

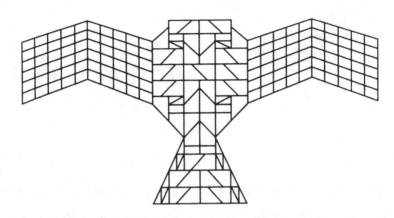

祭坛会搭建许多层,最重要的祭坛每一层大约有 200 块砖。整体的形状必须遵循宗教仪式的严格约束。从这个例子里可以看出,要使祭坛的表面积翻倍来避开麻烦是一个非常复杂的几何问题。《绳法经》对这样明确的形状给出了操作的逐步说明,并展示了如何将其扩展成面积翻倍的图案。

有一个非常简单的例子,假设你有一块边长为 1 个单位长度的正方形砖块,你需要将其翻倍。起始的面积为 $1 \times 1 = 1$ 个单位面积。为了将其增加到 2 个单位面积,有一个简单的方法和一个困难的方法。简单的方法就是改变它的形状变为边长分别为 1 和 2 的矩形。困难的方法是保持正方形形状,让每一条边都等于 $\sqrt{2}$,相当于约 1.41。在一个由 30 个模块组成的大平行四边形的鹰的翅膀中取出一个小的平行四边形,比你想取出一个长方形更容易,那么它的面积将会是底边长度乘以高度。其翻倍不比长方形翻倍更难。沿中心线向下可以看到另一个形状——梯形。

如果它的高度是 h,底部的宽度是 b,顶部的宽度是 a,那么它的面积是 $\frac{1}{2}(a + b) \times h$。因此它的面积就是高度乘以平均宽度。

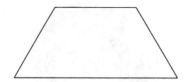

　　这种类型的推理对于乡村农业社区是相当复杂的,这加强了教士和几何说明书的解释者的地位。方便的经验法则毫无疑问地得到了发展,但这种类型的祭典几何更加充实了算术和几何在印度次大陆早期的卓越发展。我们今天使用的数字 0,1,2,3,…,9,起源于印度,然后通过阿拉伯的学习中心扩散到欧洲,在那里最终被接受并使用,从而在 11 世纪开始被使用在商业和科学中。

玫瑰花奖

达·芬奇对一种特定的对称类型感兴趣,将其用在了他设计的教堂上。因各种缘由他对所有类型的对称性都有着极大的尊重,不仅仅是出于美学的考虑,还要考虑到教堂的建设,即便在实际需要添加壁龛、小教堂和存储壁龛等的时候。他面临的基本问题是,在教堂的外观上可以增加什么,使得当你围着教堂转圈时,还可以保持对称性。这就像是在问,玫瑰花结、风车帆或螺旋桨可能的对称图案是什么。所有这些都是将一个基本设计以相同的角度围绕中心轴一遍又一遍地移动而得到的图案的例子。这里有一个非常简单的旋转90度的例子。

每个长臂的顶端必须有相同的双箭头图案,它是对称地放置在一条中心线上。然而,双箭头也可以由一个箭头替代,如下图所示。

现在这个重复的图案就像一个孩子的纸风车,上页图可以由上图绕中心点

旋转 90 度生成。

    达·芬奇承认这些对称的和非对称的设计是唯一两种可能产生对称玫瑰花结的图案。它们当然可以包含比这里显示的 4 条臂更多的长臂，但是为了保持对称性，它们必须是等距离的。例如，如果纸风车上有 36 条长臂，它们必须均分为 360÷36＝10 度。达·芬奇现在可以在围绕中心建筑的周围增加小教堂和壁龛，就像纸风车的长臂一样……

    我们在自然界中也常常看到这样的图案。雏菊的花朵从黄色花心中生长出来的白色花瓣形成接近对称的花结。人类发明的有功能的非对称花结形式，能够在船舶的螺旋桨、车轮的轮毂设计以及武器上的国徽中找到，比如马恩岛的三条腿。对称的形式在公司标志和许多美洲原住民文化的传统设计中很常见，他们似乎特别喜欢织物和陶瓷中的旋转对称①。

---

① 自然和人类的对称性的照片，包括玫瑰花结的对称性，见我和豪尔吉陶伊（M. Hargittai）的《对称：一个统一的概念》（*Symmetry：a unifying concept*），谢尔特出版社，波利纳斯，加利福尼亚（1994）。——原注

水中的音乐：
洗澡时的歌唱

很多人像我一样，根本不会唱歌。让我们在一个大礼堂里或在室外，我们不能产生足够的音量。我们没有音域，我们唱歌找不着调——尽管我从一些非常著名的流行音乐歌手也有这种明显的特性（参见本书第 5 章）这个事实中得到些许安慰。然而，正如我们从经验中得知，如果我们在洗澡的时候唱歌，结果就会好多了——甚至是很好的。为什么？一个小小的隔间就可以成为转换声音的因素吗？

浴室的坚硬瓷砖和玻璃门增加了洗澡时产生的令人印象深刻的音量。它们将声音几乎没有衰减地反弹回来。如果你是在海德公园户外唱歌，那么几乎没有声音反弹回来：它们在传播中逐渐下降。在一间大房间里唱歌，一部分声音会被反弹回来，但大量的声音会被家具、穿着衣服的人（听众）、地毯和其他往往抑制和吸收声音的材料所吸收。如果一个学校或学院的餐厅有硬地板、很低的天花板、玻璃窗户和没有桌布的硬木桌面，那么很多人同时讲话时讲话的内容很难听清，但开一场音乐会则会很成功。

单薄的声音在浴室里获得的另一个帮助是，声波在浴室的墙壁间多次反弹产生高水平的混响效果。这是由于许多在不同时刻产生的声波会同时到达到你的耳朵。各个版本的声音在相差极短的时间内回到你的耳朵，你唱的每一个音符似乎被拉长了。这种平滑的、被拉长了的音符,掩盖了你不完美的(甚至是普通的)声音,产生了一个丰富且完整的声音效果。潮湿空气中的水分也有助于放松声带,使得声带可以更容易、更顺利地振动。

在浴室里唱歌的最后一个、也是最令人印象深刻的效果是产生共振。在浴室的三个互相垂直的浴室门、地板和天花板之间,声波在空气中的许多自然频率内振动很容易得到。这些能够与你的声音频率产生共振。它们中有许多非常接近人类歌声的频率范围。这两种声波的叠加在音量上产生了一个巨大的"共振"。一个典型的浴室将有接近 100 赫的共振频率,并会产生这个频率倍数——200、300、400 赫等的共振。人类歌声的频率从大约 80 赫到很高的几千赫,所以,80—100 赫的低音频率容易产生共振,听起来更深沉,音量更大①。

这些因素最好的结合就是在一个很小的、由硬面围起来的空间,像浴室一样。汽车的内部空间也部分地满足了这些要求,只要你将汽车的天窗关上。

---

① 如果我们估计浴室的直立水管的高度为 $H = 2.45$ 米,那么垂直纵波的频率为 $f = V/2H = 343/4.9 = 70$ 赫的倍数,其中淋浴温度下声音的速度为 $V = 343$ 米/秒。因此,产生的频率是 f、$2f$、$3f$、$4f$ 等。而且,具体地说,小于 500 赫的频率为 70、140、210、280、350、420 和 490 赫。——原注

估量绘画作品大小

你有没有去看过一幅油画，并惊讶于它比你预想的大很多或是小很多，或者它远不及你在一本书中看到的彩页那么更令人印象深刻？梵高（Van Gogh）的《星空》（*Starry Night*）很小，令人失望；而奥基夫（Georgia O'keeffe）的一些油画看起来太大，不如小的复制品给人印象深刻。这表明了一个有趣的问题。如果我们坚持抽象艺术作品的简单性，那么对某种特定绘画有没有一个最佳的尺寸呢？作为一个必然的结果，我们可以问问画家是否选择它。

我能找到的所有对绘画大小的讨论都遇到非常务实的问题，比如它们可以卖到多少钱，是否较小、较便宜的作品需求量更大，是否易于存放，对大型作品墙面空间的可利用性如何等问题。这些都是重要的因素，因为它们可以决定艺术家是否可以谋生，但我们在这里对这些问题不感兴趣。

不要试图回答我的问题，思考这一点与波洛克（Jackson Pollock）作品的联系是很有意义的。他的抽象表现主义后期产生了最具复杂性的作品，这些作品结合了颜料投掷及滴落到固定在画室地板的画布上。对画布上覆盖的不同颜色和颜料类型的统计分布的几项研究①,从大规模到小规模看时,透露出波洛克的作品有明显的分形结构②(我们将在本书第 94 章看到支持和反对这种说法的证据)。

我们在自然界的许多地方看到近似的分形结构,在那些需要有大量表面积而又不增加相应的体积和质量的地方,如树木的枝杈、花椰菜的头部。创建一个分形的诀窍是采取相同的图案类型,并在越来越小的尺度上一遍又一遍地重复。下图显示了如何从一个等边三角形每边中间的 1/3 处产生出小等边三角形的每一步,这是由瑞典数学家科赫(Helge Koch)在 1904 年首先提出的③。

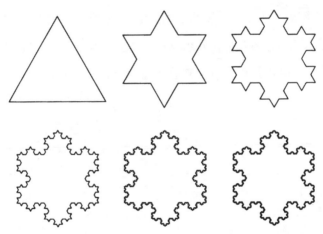

允许这一过程通过大量的小模型继续萌发,我们创造的东西似乎没有一个优先尺度。如果我们在放大镜下看,我们看到相同的结构图案;提高放大镜的放

---

① 泰勒(R. P. Taylor),米可利奇(A. P. Micolich)和乔纳斯(D. Jonas),《自然》,399,422 (1999);《意识研究杂志》(*Journal of Consciousness Studies*),7,137(2000);巴罗,《巧妙的宇宙膨胀》,牛津大学出版社,牛津(2005);以及随后穆雷卡(J. R. Mureika),戴尔(C. C. Dyer)和库帕奇克(G. C. Cupchik),在《物理评论》上的讨论,E 72,046101(2005)。——原注

② "分形"这个词是芒德布罗(Benoit Mandelbrot)个人于 1972 年发明的,波洛克不知道这个数学概念。——原注

③ 科赫,《数学档案》(*Arkiv f. Matematik*),1(1904)。——原注

大倍数,图案仍然相同。它是"与尺度无关的"。

波洛克的作品并不是像萌发三角形这样简单的算法生成。但波洛克通过持续不懈的练习和经验,直觉地用近似与尺度大致无关的统计模式洒画在画布上。结果在波洛克绘画作品中其结构通常没有一个视觉主导的基本尺度,而且美术馆墙上巨大的原始画作与展览目录中的小型复制品看起来都一样完美。

波洛克是出了名的不愿意完成绘画作品并签售的,他宁愿修补及重叠更多的结构,而一些非专业的观众根本看不出其中的区别。当在不同距离和不同尺度范围观察他的作品时,会感到他的眼睛对这些作品的视觉冲击是非常敏感的。

我可以从波洛克作品对尺度几乎无关的发现中得到一个惊人结论。如果你拥有一大幅他的作品,那么将它分割成 4 份并卖掉其中 3 份,它的审美效果可能不会减少(虽然你的银行资产可能被放大)!呵呵,只是在开玩笑。

三角形图案装饰

三角形不是唯一有三个角的图形。凯尔特人美丽的编结艺术品和许多表现宗教象征主义的对称三角组结,被称为三角形图案装饰。这在传统上是用三个杏仁形状重叠而形成的。每个杏仁形状依次由两个半径相同的圆相交而成,其每个圆的中心在另一个圆的圆周上,如下图所示。

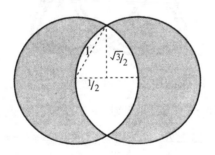

杏仁状的交叉线也被称为两端尖的椭圆形,这在拉丁语中意思是鱼鳔。鱼是早期基督教的象征,因为希腊语中的鱼(ichthys)是希腊语《新约》中耶稣基督、上帝的儿子、救世主这三个词的首字母缩写。我们仍然可以看到它在基督教世界里被广泛使用,尤其是在汽车保险杠的贴纸上,当它于 1970 年代早期在美国和欧洲作为反主流文化运动的一部分再次出现后。它也出现在许多异教徒和非欧洲的传统中,考虑到它出现于黄道十二宫和古老的星座平面图中,这并不令人惊奇。这些古老的星座由公元前 500 年左右生活在地中海地区北纬 30 度到 34 度(因此大概在巴比伦王国境内)的天文学家所确定①。

杏仁形椭圆有简单的数学性质。如果两个圆的半径为 1,它们两个圆心之间的距离也为 1,这是杏仁形椭圆的宽度。要得到它的高度,我们只要在虚线所示的直角三角形中使用毕达哥拉斯定理。所以两个相交的圆之间的垂直高度就是 $2 \times \sqrt{\left[\left(1^2 - (1/2)^2\right)\right]} = \sqrt{3}$。因此高度与宽度之比总是等于 $\sqrt{3}$,无论两个相等的圆有多大。

三角形图案装饰是由三个互连的杏仁形椭圆上下交替缠绕形成,产生了所谓的三叶草结。

在许多不同的凯尔特人的物品中可以看到这样的结,从《凯尔经》(*Book of Kells*)中用鲜明图案装饰的字体,到线绳、木制品以及褪色了的铁艺和玻璃。它在神圣罗马帝国的疆域内无处不在,因为它是三位一体的象征,三人合一,统一却独特。有时也被称作三一结。

根据它们的相对复杂性对组结进行研究及分类的数学家,了解到三叶草结

---

① 这个舍费尔(Bradley Schaefer)推断的方法由巴罗在《宇宙意象》(*Cosmic Imagery*)中解释。《宇宙意象》,博德利海德出版社,伦敦(2008),pp. 11—19。——原注

是所有结中最简单的①。如果两个结其中的一个可以通过拉伸(而不切断)而成为另一个,两个结将被视为等价的。取一根开口的丝带,将其扭转三次后再把端部粘贴在一起,就可以做成三叶草结。如果不剪断它,就没有办法解开它产生一个简单的圈。顺便说一句,你可能想反思这样一个事实:如果你在镜子中看到它,你会看到另一个不同的反手三叶草结。

---

① 在三维空间中创建一个坐标为(x, y, z)的三叶草结,可以通过让参数 u 在三叶草的三个参数方程式 $x = \sin(u) + 2\sin(2u)$,$y = \cos(u) - 2\cos(2u)$ 和 $z = -3\sin(u)$ 中变化而得到。——原注

下雪吧，下雪吧，
下雪吧

　　雪花是自然界最迷人的艺术作品。关于雪花的许多神话已经发展了。1856年，梭罗(Henry Thoreau)宣称："空气中充满了创意的天才，这些是如何生成的！如果真正的星星降落在我的外套上，我也不会格外欣赏它。"①雪花是多样性和独特性相互作用的优美实例。我们听说过，每一片雪花都是独一无二的，每一片雪花都有 6 只相同的支臂。唉，正如我们将要看到的，这不是真的。

　　开普勒(Johannes Kepler)是第一个着迷于解释雪花的特殊对称性的伟大科学家，这位天文学家在 1609 年和 1619 年之间发现了太阳系中行星轨道的数学规律性的定律。他对数学也做出了重要贡献，创造了新型的正多面体，并系统表述出数学的重大问题之一(开普勒球体填装猜想)，即在一个板条箱中放入相同体积的球体而使它们之间空档最小②。

---

① 梭罗，《亨利·大卫·梭罗的作品》(*The Journal of Henry David Thoreau*)，由托里(B. Torrey)和艾伦(F. Allen)编辑，霍顿·米夫林出版公司，波士顿(1906)和佩里格林史密斯出版社，盐湖城(1984)，卷 8,87—88。——原注
② 开普勒猜想了最好的方案，直到 1998 年，才由匹兹堡大学的黑尔斯(Thomas Hales)证明是正确的。这个证明用 250 页文本和大量计算机程序检查特定情况下可能出现的反例。答案是菜贩们通常在市场摊位上用来堆积橘子的方法(这在开普勒时代可能是加农炮弹)，一种金字塔式的堆放。每一个橘子位于它下面三个橘子间的缝隙上，这些橘子能够填充74.08%的空间，剩下的是空的。其他的堆放法会留下更多的空间。——原注

1611 年，就在开普勒构想出著名的填装猜想的那一年，他写了一本名为《六角雪花》(*On the Six-Cornered Snowflake*) 的小册子作为新年礼物送给他的资助人——神圣罗马帝国皇帝鲁道夫二世。他尝试了，但没能成功(后来在回忆中)地解释为什么雪花有 6 只支臂，辩论是否有一个必然的自然规律实现了这个特征——是否它原本的结果可能是别样形式的，但出于未来的某种目的，它已经在这 6 只支臂的形式中产生了。"我不相信，"他写道，"雪花中这种有序的图案是随机存在的。"①

今天，我们的知识更广泛了。水凝结在大气层里空气携带的正在坠落的浮尘周围，形成了雪花。六只支臂的模式是由水分子的六面体的晶格排列而继承下来的。这种晶格的结构就是为什么冰像晶体一样坚硬的原因。雪花通过吸收大气中的高水分而增长。最终得到的确切图案将取决于雪花下落到大地的过程。

不同地方大气的湿度、温度和压力的条件都各有不同。随着雪花的下降，每一片雪花经历不同的结冰条件，这就是为什么它们都略有不同。事实上，如果你仔细观察，你会发现一片雪花的每只支臂都略有不同，并不完全对称。这反映了雪花下落时经过的不稳定的大气层，它的湿度和温度的差异。当雪花下落过程更长，它的支臂将通过堆积稳步增大，沿着它支臂的褶皱中将会有更多的微观多样性。在每一个正在形成的雪花图案的根部有那么多的水分子，实际上你会看到超过一万亿的水分子，你会有机会找到两个相同的分子。

我们对经典的六角雪花的迷恋很有趣。它们绝不是全都像那样，但美丽的六边形，使圣诞卡片和装饰品大为增色，也常常被拍摄或展示在书籍和杂志

---

① 开普勒，《六角雪花》，布拉格(1611)，由哈迪(C. Hardie)翻译并编辑，p. 33，牛津大学出版社，牛津(1966)。——原注

中①。事实上,雪花大约有 80 种不同的种类,取决于它们形成时所处的空气的温度和湿度。人造雪是在冬季运动场地由吹雪机制成的,只需将细小水滴和压缩空气一起通过一个高压喷嘴吹出就可以。当它们被压缩时,它们的温度下降,被冻结成乏味的冻水滴,没有天然雪花的支臂和花式。同样地,当空气中的含水量较低时,自然雪花的形式只有棒状和平盘状的冰,而没有精致的细节,因为缺乏水分冻成支臂。当温度跌到约 – 20℃ 时,我们也只看到细小柱状或平盘状的冰而没有支臂。这就揭示了为什么在某些情况下它无法做成雪球。当雪花失去支臂时,雪就不会结合在一起。棒状或盘状或柱状的冰只是互相滚在一起而不能粘在一起。这就是为什么雪崩环境随着雪的性质和雪花的结构而显著变化。

---

① 最美丽的彩色图像集和雪花结构的研究,请参阅利布雷希特(Kenneth Libbrecht)的作品和他的关于雪花图像的书。——原注

使用图片的
一些隐患

　　学数学的学生在他们开始大学课程时,被教导的一件事就是画一张图是不能证明某事物的。图可以帮助展示什么可能是真实的及如何着手证明它,但是它们展现的也可能是平面几何图像本身的一种特征。不幸的是,对这一观点的历史可以追溯到 1935 年,一群颇有影响力的法国数学家决心把所有的数学正规化,将其从公理中提取出来,强调在不同领域可以找到表面上的共同结构。

　　以布尔巴基为笔名,这个小组的文章避开所有图片的使用,他们的出版物中没有任何图片。文章重点完全放在严谨的逻辑和一般数学结构上,避免了个别问题和其他类型的"应用"数学。这种方法帮助清理了一些数学的混乱部分,严格地显示它的共同结构。这也间接导致了一个对学校数学教学不合适的影响,引发了在许多国家所谓的"新数学"课程里,以牺牲理解真实世界的应用和实例为代价,向孩子们介绍数学结构。因此布尔巴基和新数学在它们不同的方面非常有争议,尽管两者现在似乎都被遗忘很久了。但是布尔巴基对通过图片证明的恐惧具有实质内容。让我们来看一个有趣的例子。

　　有个数学理论,可以追溯到 1912 年,名为黑利定理[1],以它的制定者黑利

---

① 黑利定理说,如果在 n 维空间里有 N 个凸形区域,其中 $N \geq n+1$,并且凸形区域集合的任何 $n+1$ 个凸形区域都有一个非空交集,那么这 N 个凸形区域的集合就有一个非空交集。我们在考虑的情况为 $n=2$,且 $N=4$。——原注

（Edward Helly）的名字命名，他证明（在更一般的情况下），如果我们在一个平面上画四个圆①，分别代表集合 A、B、C 和 D，如果 A、B 与 C，B、C 与 D，以及 C、D 与 A，任三个圆的公共交集都是非空的，那么 A、B、C 和 D 这四个圆的交集就不可能是空的。我们看下图时就很明显了。A、B、C 和 D 的重叠部分是由四条圆弧围成的中心区域。

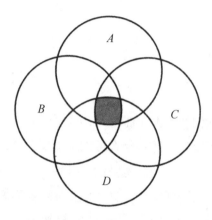

这种类型的图片在商业和管理领域里是很熟悉的，作为一个维恩图，它会显示各种事物如市场、产品特征或由圆表示的地理范围的交叉区域。然而，当 A、B、C 和 D 是事物（集合）的集合时，黑利定理关于几何的结论就不一定成立了。例如，如果 A、B、C 和 D 是金字塔的四个面（包括底面），那么任何一个面与其他三个面相交，但没有一处是四个面相交的。

另一个与人密切相关的例子是，四个朋友的集合，由亚历克斯（Alex）、鲍勃（Bob）、克里斯（Chris）和戴夫（Dave）组成。它有四个由三个朋友组成的子集：{亚历克斯、鲍勃和克里斯}、{亚历克斯、鲍勃和戴夫}、{鲍勃、克里斯和戴夫}、{克里斯、戴夫和亚历克斯}。很明显，任何两个子集都有一个人是共同拥有的，

---

① 这个结果适用于凸形区域。凸形区域是，如果你在其内部的两点之间画一条直线，直线就保持在区域里面。这对一个圆是显然的情况，但对一个形状像字母 S 的区域却不是。——原注

但没有一个人是所有这四个子集共有的。你在平面上用图显示 A、B、C 和 D 的几何交集来推导其他关系的性质,你要自担风险。

理解这些图示是如何工作的,是探索如何创造人工智能的有效模式的一部分,人工智能要求能够以清楚的方式识别、操纵和设计图片[1]。

---

[1] 莱蒙(O. Lemon)和普拉特(I. Pratt),《圣母大学逻辑杂志》(*Notre Dame Journal of Logic*),39,573(1998)。关于哲学家描述信息问题的方法,请参阅皮利克(C. Peacocke),《哲学评论》(*Philosophical Review*),96,383(1987)。——原注

与苏格拉底同饮

对于两个很大的数有一个古老的估计,能得到一个总是令人惊喜的结论,甚至是对那些概率的爱好者们。如果你从大海里装满一杯水,你认为杯子里有多少曾经被苏格拉底(Socrates),或亚里士多德(Aristotle),或他的学生亚历山大大帝(Alexander the Great)用来漱过口的水分子? 事实上,正如你将看到的,我们所选择的尊贵的漱过口的水并不重要。你可能会认为答案肯定是零。我们肯定没有机会重新使用这些伟大人物用过的东西,甚至一个原子? 唉,那你就大错特错了。地球上海洋中水的总质量约为 10^{18} 吨,即 10^{24} 克。一个水分子①的质量约为 3×10^{-23} 克,那么海洋中有约 3×10^{46} 个水分子。我们可以忽略海水的其他组成部分,如盐。我们将看到,我们使用的这些简化过程和近似数字在涉及巨大数字中是合理的②。

接下来我们要问一杯水里有多少个水分子。典型的一满杯水的质量为 250

---

① 一个水分子由两个氢原子和一个氧原子组成,每个氢原子的原子核里有一个质子,一个氧原子的原子核里有质量大约相等的 8 个质子和 8 个中子。一个绕原子核运动的电子的质量(9.1×10^{-28} 克)相比质子的质量(1.67×10^{-24} 克)可忽略不计(1/1836),中子位于原子核中。——原注

② 根据是否包括淡水和冰水,水的质量(或体积)的总和有稍微不同的数量。读者可能会检查这些有微小差异的最终数字,但不会改变这个论点的主旨。——原注

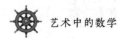

克,所以含有约 8.3×10^{24} 个分子。因此,我们看到海洋中约包含 $(3 \times 10^{46}) /$ $(8.3 \times 10^{24}) = 3.6 \times 10^{21}$ 杯水——远远低于满杯水的水分子数量。这意味着,如果海洋被完全混合,我们今天舀出一满杯随机的水,那么我们可以期待它包含有约 $(8.3 \times 10^{24}) / (3.6 \times 10^{21}) = 2300$ 个苏格拉底早在公元前 400 年用于漱口的水分子。更引人注目的是,组成我们每个人身体的原子或分子可能有相当数量是当年组成苏格拉底身体的原子或分子。这就是大数的持久的力量。

奇怪的公式

　　数学在某些方面已经成为这样一个地位象征,以至于有时我们不考虑它的适用性而急于使用。只是因为你可以使用符号来重新表达一个句子,这不一定增加我们的知识。说"三只小猪"比定义所有猪的集合有用,比所有三元组的集合,以及所有小动物的集合,然后再取所有这三个有交集集合的公共交集更有帮助。

　　1725 年由苏格兰哲学家哈奇森(Francis Hutcheson)在这方面首次做了一个有趣的冒险尝试,他后来因此成功地成为格拉斯哥大学的一名哲学教授。他想计算个体行为的道德善良度。我们在这里看到了牛顿成功用数学描述物理世界的影响的回应。哈奇森的方法论在其他各种领域被推崇和复制。哈奇森提出用一个通用公式来评估我们行为的美德度,或仁慈的程度:

　　　　　　美德 =(公益 ± 私人利益)/(做好事的本能)。

　　哈奇森的"道德算术"公式有很多令人愉快的特性。如果两个人有相同的做好事的本能,那么牺牲他/她的个人利益来产生最大公益的人,是更有美德的。同样,如果两个人产生相同级别的公益,付出相同级别的私人利益,那么拥有较小的做好事的本能的人更有美德。

　　哈奇森的公式中的第三项,私人利益,可以是积极的或是消极的(±)。如果一个人的行为有利于公众,但伤害他自己(例如,做没有报酬的慈善公益,而放弃有偿工作),那么美德值因公益 + 私人利益就增加了。但如果这些行为帮助公众,但也作恶(例如,发起活动阻止一个不美观的开发规划,这个规划有损害他自己但也包括邻居的财产),那么这个行为的美德值就因公益 - 私人利益就减少了。

哈奇森在他的公式里没有给量赋予数值,但如果需要的话可以采用。道德公式并没有真正的帮助,因为它没有揭示什么新的东西。它包含的所有信息在首次创建它时就都投入了。任何试图对美德、私人利益和本能标定单位都是完全主观的,而且不能作出任何可测量的预测。

一些事情让人奇怪地联想起了哈奇森对理想主义幻想的逃避,它在 200 年后的 1933 年由著名的美国数学家伯克霍夫(George Birkhoff)在一个极有吸引力的项目中完成了,他曾着迷于美学量化的问题。伯克霍夫将他职业生涯的大半时间贡献给寻找音乐、艺术和设计中吸引我们的因素的量化方法。他的研究收集了许多文化的例子,并且仍然很有阅读趣味。值得注意的是,他将这一切归结为一个单一的公式,这让我想起了哈奇森的公式。伯克霍夫认为美学品质取决于秩序和复杂性的比例:

美学度 = 秩序/复杂性。

他着手设定办法以客观的方式给特定图案和形状的秩序和复杂性编号,并将它们应用于各种各样的花瓶形状、铺陈图案、雕带和设计中。当然,正如在任何美学评价中,将花瓶和绘画进行比较是没有意义的:你必须保持在一个特定的媒介和形式中来保证有意义。在多边形的情况下,伯克霍夫的秩序测量对四种不同的对称性存在予以加分,并对某些不尽如人意的因素(例如,顶点之间距离太小,或内角太接近于 0 度或 180 度,或缺乏对称性)减去一个罚分(1 或 2)。结果是一个不超过 7 的数。复杂性被定义为至少包含多边形的一个边的直线的数量。因此,对于一个正方形它是 4,但对于一个罗马十字,它是 8(4 条横向线,4

条纵向线）。

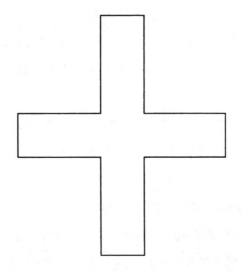

　　伯克霍夫公式的优点在于使用实数来给美学元素打分,但不幸的是,美学的复杂性太多样化了,这样一个简单的公式无法全部包含。正如哈奇森的粗糙尝试,他也无法创造一个能让许多人认可的度量。如果一个人在现代分形图案中应用他的公式,现代分形图案以其在越来越小的尺度上(例如,见本书第58章和94章)不断重复图案吸引了众多的观众(不仅仅是数学家),那么它们的秩序得分不会超过7分,但随着图案越来越小的尺寸,它们的复杂性变得越来越大,那么它的美学度很快就接近零了。

风格学：数学家
运用小波理论

在艺术欣赏、评估和鉴定的领域里有很多的工作者。艺术史学家知道一个艺术家笔触的象征意义和细节特征。艺术修复者知道绘画作品和颜料以及画作所覆盖的表面材料的自然性质。他们经常能及时地装帧这些画作，并确认其历史的完整性。数学家现在也加入了这些传统专家的行列，用第三种方法来迎接区别真品和赝品的挑战。

我们已经在第 5 章中看到声音中的模式如何通过不同频率正弦波的集合建模来高精确度描述和再现。尽管这是傅里叶的老办法，于 1807 年首次使用，通常是非常有效的。但它也有局限性，在某几处急速上升或下降的地方，它的匹配度不好。它也可以要求大量的波叠加在一起使信号有很好的匹配，但在计算上是很昂贵的。

对此，数学家们开发了一个类似的、更强大的现代分析方法，通过将不同类型的波族(称为"小波")加在一起来分析模式。不像傅里叶方法，这些小波跟仅仅通过不同频率的正弦和余弦波叠加相比，允许更多的个体变化。它们允许在振幅和时间上的额外变化以对突然变化的信号创造更详尽的描述，这些突然变化的信号需要更少的小波组合，这样计算上能够更快而且更经济。

近年来已经有几种有前景的小波分析的应用，用数学的方法捕捉艺术家的风格来研究绘画作品,这样对于可疑的作品能够更可靠地进行鉴定。2005 年当荷兰电视节目 NOVA 向在阿姆斯特丹举办的一个致力于为艺术调查进行图像处理的会议的与会者发出挑战,这个方法就引起了高度关注。他们面临的挑战是把真正的梵高的油画与由专业艺术修复者及重建师卡斯佩斯(Charlotte Caspers)复制的五幅梵高的原作区别开来。三个不同的团队利用图像的小波分析法正确地识别出了复制本。

每组采用的策略都集中在这样一个事实:研究人员预期绘画原作比复制品有一系列更快的笔触。复制者会集中精力,努力获得完全正确的再现,在特殊细节区域用与原作同样数量的笔触,以及完全一样的颜料和颜料厚度。这是一个比绘画原作慢得多的过程。随后进一步的挑战是,数学家们试图从其他著名艺术家的原作中找出赝品。更有趣的是来自卡斯佩斯的挑战,区分她自己的精细的小鸟原作和她自己对这些作品的复制品。这暴露出有时候寻找笔法的流畅性这种简单的想法在区分复制品时不一定成功,尤其采用特定类型的画笔,或用于分析的扫描分辨率不够高时。所有这些发现提出了新的变量有待得到控制。

这个关于梵高的挑战引领了像卡斯佩斯这样的艺术专家与小波分析的数学家们之间富有成效的持续合作。他们在实际中的起点是对绘画作品进行非常高分辨率的扫描。然后,他们对图画中一个很小的范围内呈现的图案和颜色做一个小波描述。实际上,这是所有微粒信息的一个数值表达——细粒度的信息——相邻像素的颜色、纹理和颜色中产生的变化、集群模式属性的呈现,等等,很多变量的重复。结果就像一个绘画作品在一个很小的尺度上的数字化多维指纹,在这个小尺度上艺术家画笔的一触。这样就产生了一幅这位艺术家的绘画动作和构建过程的地图,这个地图可以揭示反复运用的个人模式并在辨认该艺术家的风格时提供帮助。通过研究原作以及同一艺术家的复制作品,一个更有效的分析方法可以区分创作原作和复制作品的过程的差别。它同时也凸显了非常细微的效果,比如在作品中所用画笔在不同点的纹理,或一个有经验的复制者如何捕捉该作品的整体气氛,而不是仅仅再现微小的细节。

这种对一位艺术家风格在小尺度的细节分析的另一个有趣的应用,就是修复因岁月摧残受损或退化的原作。它能帮助产生最近似的修复,通过对原件褪色或受损部分提供一个原本看起来可能怎样的想法,甚至一个作品的当前版本,像达·芬奇的《最后的晚餐》随着岁月的侵蚀,将来看起来会是什么样。

这种类型的分析补充了艺术史学家和修复者的洞察力。它在艺术家风格非常精致的细节分类方面,甚至艺术家自己可能都没有意识到的方面,给出了一个新的可复制方法。数学高效利用快速计算机来产生人类艺术家正在做什么的越来越细致的陈述。也许有一天它们甚至会被用来创造艺术作品的特别风格。

聚 集 在 一 起

　　如果你正在给坐在大阶梯教室的听众演讲,在他们的帮助下你可以做一个引人注目的演示。请他们持续随机地用手指敲击他们面前的桌面。开始的几秒钟,根本没有连贯的整体声音模式,只是彼此独立、随机敲击的不和谐的声音。大约 10 秒钟,这种情况发生了非常显著的变化。分散的敲击声渐趋于同步,而且几乎每个人都似乎合拍地敲击。同样的现象在观众们鼓掌的时候也常常可以发现。随机的不同掌声趋于在同步的模式中被"锁定"。

　　这种类型的声音同步也可以在其他情况下看到,或者听到。在一个小区域里的大量萤火虫会同步闪光,但与一段距离以外的另一群萤火虫的同步闪光的相位不同。

　　第三个例子,我们注意到当许多人走过一座桥或站在一艘船上,船或桥从一侧到另一侧轻轻摇摆,它们最终都将以一致的形式摇摆。如果摇摆没有被结构重量或压舱物充分地衰减,在小船或移动的桥(如第一版本的伦敦千禧桥)上的晃动可能产生灾难性的影响。

　　在这些例子中发生了什么呢? 个人的敲击和萤火虫的闪光无疑都是独立的。没有人指导他们合拍敲击。他们似乎每个人完全独立,除了他们的近邻。即使他们专注于他们的邻居,也很难跟上模仿策略而不失去自己的节奏。

　　在所有这些例子中,有很多周期性事件发生(敲击桌面、萤火虫闪光或摇摆的桥)。这些是数学家所说的"振荡器"。但不管你怎么想,它们并不是完全独立的。每个人在手指敲击时都能听到周围所有人手指敲击的平均结果。个人敲击的频率和时间会回应很多手指敲击的平均声音。每个人听到所有手指敲击的同样的平均背景噪声,所以他们自己的模式是一个由所有其他振荡器的平均水平驱动的振荡器。如果足够强大,它驱使所有的手指敲击迅速遵循相同的模式,所有的萤火虫一齐闪烁①。在演出或演唱会中任何看似自发的响应中你经常可以发现这种对平均声音的集体反应,产生观众响应的自发秩序。

　　在实践中,同步的速度和程度取决于参与者对平均信号的关联的强度(即响应)。如果它相当强劲,而且鼓掌的频率也很慢,那么鼓掌声音频率的频谱将会相当狭窄,每个人都会变得同步。这在缓慢的鼓掌中特别明显。然而,如果观众开始鼓掌更热情,而且每个人都加倍鼓掌频率以跟上噪声水平,那么掌声频率的频谱将变宽,同步就变得不可能了②。这就是许多双手鼓掌的声音。

---

① 自然界中看到的许多类型的同步行为的优美又简单的解释是由日本数学家藏本由纪(Yoshiki Kuramoto)在 1975 年引入的。——原注

② 内达(Z. Néda),劳沃斯(E. Ravasz),维切克(T. Vicsek),布雷彻特(Y. Brechet)和鲍劳巴希(A. L. Barabási),《物理评论》,E 61,6,987(2000)和《自然》,403,849(2000)。——原注

当时间必须面对空间时

人类的创造力有一个习惯,即填补每一个剩下的缺口并加以利用。对于试图对人类艺术探索进行分类的有用的事情之一是,分类可以发现是否有可以被填充的缺口。这里有一个非常简单的方法来对我们所做的事情进行分类。我们以空间 S 和时间 T 来做分类。在空间中,我们可以创建一系列维度——一维、二维或三维。让我们将这个标记为 S^N,这里 $N=1,2$ 或 3,是根据我们的工作是在一条线 S 上,还是在一个平面区域 $S \times S$ 里,抑或在一个立体 $S \times S \times S$ 中。当我们考虑空间开发时,我们有三个可能的维度来选择。下面就是最简单的静态艺术形式,有如下特征:

空间维度 S^N	艺术形式
$N=1$	饰带
$N=2$	绘画
$N=3$	雕塑

现在,如果我们将时间和空间一起使用,我们的内容可以扩大到包括更复杂的活动。

空间维度 $S^N \times T$	艺术形式
$N=1$	音乐
$N=2$	电影
$N=3$	剧院

请注意,所有的可能性都填充了,甚至在这个方案中,给那些不寻常的尚在考虑中的发展和复杂的子结构的艺术形式也留有了余地,因为剧场可以包含电影和音乐。时间不必是线性的,周期性在音乐中是一种常见的模式构成元素。在电影院或剧院中,这种非线性是一种更冒险的道路,因为它导致了时间的穿越,这是于 1895 年由韦尔斯(H. G. Wells)首次引入文学界的。在艺术中,空间的维度可以推广到分数值,这样数学家也可以探索和分类。一条直线是一维的,但如果我们画一条错综复杂的波浪线,那么它就可以覆盖整个区域。

可以通过赋予线一个新类型的维度来对线的"忙碌程度"进行分类,称为分形维度。对于简单的直线,它可以为 1;对于完全填满区域的曲线,它是 2。但在这之间,一个分形维度为 1.8 的曲线比一个分形维度为 1.2 的曲线,更复杂且填充更多的空间。同样,一个复杂折叠或褶皱的表面会基本占据整个几何空间,我们可以给它一个介于 2(几何平面)和 3(几何空间)之间的分形维度。

分形几何是由数学家们开创的,比如瑞典的科赫(Helge Koch)于 1904 年发展了这个概念,但直到 1970 年代初被芒德布罗采用后才得以出名。他也引进了"分形"这个词。芒德布罗借助位于纽约州约克敦海茨的 IBM 巨大的计算能力,探索了许多错综复杂的分形曲线,并对它们的结构有了重大发现。这种类型的分形结构,可在其他艺术体裁中进行设想,以精细划分的区间或时间,划分的阶段以及聚集着更多层意义的雕塑中细微的结构,占据了我们分类部分的空间。即使时间也可以被分形化而产生有发散点的故事,以便读者每次读书时可以有不同的选择,得到不同的故事结果。

如何看电视

如果你最近买了一台新的电视机,你可能会惊讶于图像的大小。新的、昂贵的高清晰度(HD)电视机的显示屏在广告中被说成跟你家中的老式电视机的大小相同。但是当你把它买回家时,发现并非如此,是不是? 那么哪里出了问题?

电视机屏幕的尺寸被一个单一的测量值定义:矩形屏幕对角线的长度,即从一个底角到相对顶角的直线长度。然而,这并不是故事的全部。你的古董电视机和你的新高清电视机,在产品目录中以相同的 32 英寸①对角线的长度来定义。但屏幕有不同的尺寸。老式电视机的屏幕为 19.2 英寸高,25.6 英寸宽,所以它的图像面积为 19.2 英寸 × 25.6 英寸 = 491.52 平方英寸。关于三角形的毕达哥拉斯定理断言宽度的平方加上长度的平方等于对角线长度(32 英寸)的平方。不幸的是,你新购置的电视机屏幕会更宽,28 英寸,但不高,15.7 英寸。可以像之前那样,再次回顾我们在第三章里说到的,毕达哥拉斯证明宽度的平方加上高度的平方等于对角线长度的平方。但是现在新电视机的屏幕的面积只有 28 英寸 × 15.7 英寸 = 439.60 平方英寸,(491.52 – 439.60)/491.52 = 11%,比旧电视的屏幕面积小了 11%!

---

① 1 英寸相当于 2.54 厘米。——译注

这是双重的坏消息。屏幕区域不仅仅决定向你微笑的图像的面积,也决定了制造商的成本,他以更高的利润率给予你更少的东西,因为屏幕区域的像素更少。要保持相同的屏幕面积,你需要用一个新的、对角线尺寸增大到是旧的 $\sqrt{1.12}$ 倍即 1.058 倍的高清电视机替换旧的电视机。如果你的旧电视机是 32 英寸的,这意味着你需要一个新的 $32 \times 1.058 = 33.86$ 或 34 英寸的电视机。

更糟糕的是,如果你看很多老电影,因为它们的图像大小不同。你会发现当图像出来时,新电视机的两侧有两块未被使用的区域。老电影只覆盖屏幕中间的 21 英寸,而非填满 28 英寸的宽度(对于对角线为 32 英寸的高清屏幕来说)。屏幕的高度仍然是 15.7 英寸,但充满图像的屏幕面积却只有 $21 \times 15.7 = 329.7$ 平方英寸,现在你的图像比你旧的电视机上的图像小 33%。

如果你的旧电视机屏幕是 34 英寸,那么你需要一个 42 英寸的高清屏幕,才能在看老电影时有相同的图像高度。事物并非一直如其表象。

婀娜多姿的
花瓶外形

　　花瓶是最受推崇的对称艺术形式之一。这种艺术形式在中国古代达到了顶峰,但在世界各地也发现有不同材料、相似形式的存在。花瓶是功能性的,也是观赏性的,它们形状的轮廓有艺术吸引力。传统的没有柄的设计在形状上是对称的,因为陶工将它们在陶轮上旋转而成。那么哪种花瓶的二维轮廓的几何特征最吸引眼球呢?

轮廓末端

垂直切线

垂直切线

拐角点

弯曲

垂直切线

轮廓末端

　　我们假设存在一个关于中垂线的双侧(左↔右)对称。花瓶总会有一个圆形的瓶口和圆形的底面,以及有不同曲率的侧面。一个简单的花瓶恰好有正弯曲或者说向外隆起的侧面,从瓶口开始扩展到圆形底面。更为复杂的设计可以

152

从广口开始,向内弯曲形成凹形,在瓶颈下处通过极小尺寸,再向外弯曲达到极大半径,再向内弯曲呈凸形,向下再次达到最小半径,然后再向外弯曲向下到达花瓶底座。这种起伏的形状有很多轮廓曲率变化的视觉捕捉点。花瓶表面曲线的切线在极小和极大半径处是垂直的。切线在花瓶最宽的转角处非常突然地改变方向。有的地方的曲率平缓地从正向负变化。这些点被称为"回折点",在视觉上令人印象深刻。它们或平滑伸展,或突然急转,轮廓上扭转得越多,转折点也越多。

1933年,美国数学家伯克霍夫(George Birkhoff)试图设计一个简单的评分系统对审美情趣进行分级,称为"美学度",我们在第55章中提到过。伯克霍夫的测量被定义为秩序与复杂性之比。他的粗略直觉是,人们喜欢有序的图案,但是如果相关的复杂性太大,人们对它的欣赏又将减少。作为美学影响的通用评估,伯克霍夫的测量相当幼稚,并且与人们对自然界中特殊的复杂结构类型的喜好不同,比如冬天光秃秃的树和景观。然而,对于一个简单的,控制良好的相似创作系列,它可能是有益的。对于花瓶的形状,伯克霍夫定义它们的复杂性等于一些点的总数,这些点分别为轮廓切线垂直的点、回折点、拐角点和端点。关于秩序的测量则涉及更多,他又将其定义为四个因素的总和。这些因素为计算水平和垂直距离的为1∶1或2∶2的数量,再加上切线之间不同的平行和垂直关系的数量。虽然人们能够对不同的花瓶进行量化打分,甚至能够设计出"美学度"分值高的新形状,但其价值在于它使人们认真考虑什么样的花瓶轮廓在美学上才会令人印象最深刻。

全天下所有的
壁纸图案

　　我们已经在第 30 章看到，一个饰带能够采用的基本设计的数量仅为 7 种。这是指饰带的基本对称图案。当然，它们可以在颜色和形状上无限多地表现。这 7 个华丽的设计是各种可能性中的一个出乎意料的小系列，并且它反映了对一个一维周期性图案进行自由操作的局限性。当我们将周期性图案移到二维空间，选择的数量增加到 17，这是最早由俄罗斯数学家和晶体学家费多罗夫（Evgraf Fedorov）于 1891 年发现的。这组选项被称为"壁纸"图案系列，因为它对平面上的对称壁纸设计可用的对称性的基本组合进行分类。而且，鉴于使用饰带图案，这些基本的对称性可以用无限多的不同颜色和基本图案重现，而没有人能够发现一种新型的壁纸图案。

　　这 17 种图案是按以最小角度旋转（60 度、90 度、120 度、180 度、360 度）仍能保持图案不变的方式来分类的。下一步，查看是否有反射对称，然后再看是否沿反射轴（如果有）或其他轴有滑移反射。其他问题穷尽是否在两个方向有反射的可能性，是否有相交成 45 度角的反射，以及是否所有旋转对称的中心位于旋转轴上。这些问题以及答案的流程图显示在下页图，对应 17 个不同可能性的例子以及它们的展开。

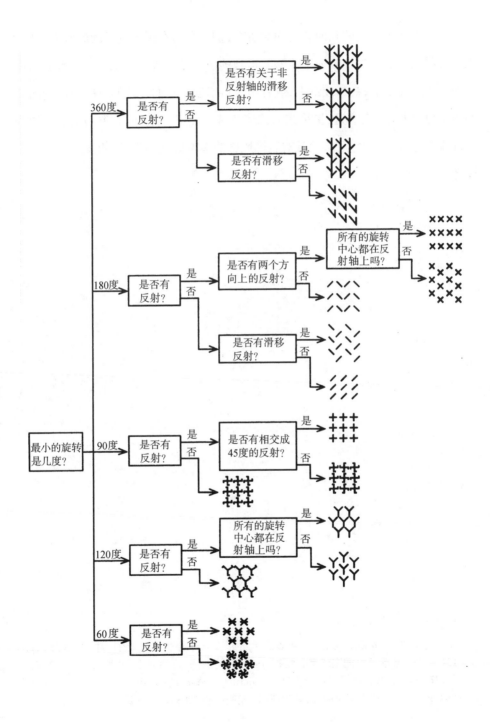

这要归功于人类的几何直觉和对所有这 17 个基本图案例子的欣赏,以及由人类文明创造的在古代装饰中能够欣赏到的 7 个基本饰带图案①。艺术家们可以在石头或沙子上,在布或纸上,或者用涂料来创造它们。他们可能使用不同的颜色上色,用天使或魔鬼、星星或面孔作为基本图案主题,但人类图案欣赏的普遍性真是惊人地无处不在,而且对装饰风格的追求极其彻底,我们发现了所有的图案。

---

① 要看每张图片,请参阅我的书《巧妙的宇宙膨胀》,牛津大学出版社,牛津(2005),pp. 131—133。要看这些图案的富有洞察力的精美的插图,请参阅康韦(J. H. Conway),布吉尔(H. Burgiel)和古德曼斯特劳施(C. Goodman? Strauss)的《事物的对称性》(*The Symmetries of Things*),彼得斯出版社,威尔斯利,马萨诸塞(2008)。——原注

战争的艺术

　　《孙子兵法》,一本伟大的中国军事战略手册,写于公元前 6 世纪。它有 13 章,各章关注战争的不同方面,从那时起就一直影响着军事指挥官们,据称该书被指定为中情局和克格勃情报人员,也包括谈判专家、企业高管和各种运动队教练的必读书目。它汇集了所有古代战略智慧和一支强大军事力量的传统①。

　　令人惊讶的是,我们找不到类似的现代专业手册,进而提供军事战略的定量分析。到维多利亚时代,才有一位才华横溢的工程师兰彻斯特(Frederick Lanchester),开始进行以最有效的方式执行相互关联的任务的数学研究——最终被称为"运筹学"——以数学视角进入战争的舞台。顺便说一句,兰彻斯特还抽空建造了第一款以汽油为燃料的汽车,并发明了动力转向的盘式制动器。

　　1916 年,第一次世界大战中期,兰彻斯特设计了一些简单的数学方程来描述两军之间的冲突。尽管很简单,这些方程式也揭示了一些令人惊讶的战争事实,也继续启示着今天的军事战略家。回顾起来,一些启示已被过去的战略家,比如纳尔逊(Nelson)和威灵顿(Wellington)靠直觉认识到了。它们应该还支配

---

① 《孙子兵法——特辑》(*The Art of War by Sun Tzu-Special Edition*),由贾尔斯(L. Giles)翻译并注解,埃尔帕索扎出版社,埃尔帕索,得克萨斯州(2005)。——原注

着在创作的战争游戏中所固有的一些设计原则,这些战争游戏似乎仍以棋盘游戏及其计算机对应物的形式持续存在着。

兰彻斯特对于两军之间的战斗提供了一个简单的数学描述,我们将这两军称为好方(有 G 个战斗单位)和坏方(有 B 个战斗单位)。从他们在 0 时开始战斗,即从 $t=0$ 开始测量时间。我们想知道随着时间的推移和战斗的进行,战斗单位数量 $G(t)$ 和 $B(t)$ 的变化。这些单位可以是士兵、坦克或枪支,例如,兰彻斯特假定 G(或 B)个战斗单位中的每一个摧毁了 g(或 b)个敌方单位:所以 g 和 b 测量了每个战斗单位的有效性。各方单位消耗的比例被认为与对方单位的数量及其有效性成正比。这意味着

$$\mathrm{d}B/\mathrm{d}t = -gG \text{ 和 } \mathrm{d}G/\mathrm{d}t = -bB。$$

如果我们用其中一个方程式除以另一个方程式,可以很容易地将它们①整合,获得以下的重要关系式:

$$bB^2 - gG^2 = C,$$

其中 C 为一个常数。

这个简单的公式是很有启发的。这表明,每一方的整体战斗力与他们所拥有的战斗单位数量的平方成正比,但只是线性地依赖于他们的有效性。如果对手单位数量加倍,你需要将每个士兵或每件武器的有效性提高到四倍。军队规模越大越好。同样,将对手的部队分隔成更小的团组,并阻止同盟军加入而形成一个单一的反对力量,这是很重要的战术。这就是纳尔逊在特拉法加海战以及其他对抗法国和西班牙海军的战役中采用的战术。最近,在 2003 年的伊拉克战争中,美国国防部长拉姆斯菲尔德(Donald Rumsfeld),很令人费解。他不使用大

---

① 求解它们很简单,因为 $\mathrm{d}^2B/\mathrm{d}t^2 = -g\mathrm{d}G/\mathrm{d}t = gbB$,所以 $B(t) = P\exp(t\sqrt{bg}) + Q\exp(-t\sqrt{bg})$,其中 P 和 Q 都是常数,由战斗单位的初始值在 $t=0$ 给出的 $B(0) = P + Q$。对于 $G(t)$,有类似的关系。——原注

规模入侵部队,而是使用一小群一小群的全副武装的部队(小 G,大 g),这可能会被即使只有小 b 的大 B 打败。

兰彻斯特平方定律反映了这样一个事实:在现代战争中,一个战斗单位能够杀伤多个对手,立刻又受到来自许多方面的攻击。如果发生肉搏战,每一个士兵只能与一个对手战斗,那么战斗最终的结果将取决于 bB 和 gG 的差,而不是 bB^2 和 gG^2 的差。如果肉搏战是个混战,所有的参战力量可以与对手所有的力量交战,那么平方原则将适用。如果你数量上处于劣势,你应该避免这种情况!

如果再看看兰彻斯特的公式,我们发现,在战斗开始时,可以使用数 b、B、g 和 G 来计算常数 C。这只是一个数。如果它是正数,那么 bB^2 必须始终大于 gG^2,并且 B 不可能下降到零。在战斗结束时,如果各个单位同等有效($b = g$),那么幸存下来的数量就是各方单位数的平方差的平方根,所以如果 $G = 5$,$B = 4$,那么幸存者个数为 3。

兰彻斯特的简单模型有很多更为复杂的变化[1]。可以将不同有效性的部队混合,包括给主力部队提供战斗单位,引入随机因子改变部队之间的相互作用[2],或者让有效性因子 b 或 g 随着时间而减少包括疲劳及消耗。然而,所有这些都是从兰彻斯特的简单见解开始的。它们告诉我们有意思的事情,其中一些孙子曾经认识到,但它们接纳日益复杂的建模。当你跟你的儿孙们下军棋或玩

---

[1] 兰彻斯特,《数学世界》(*The World of Mathematics*)一书中的"战争中的数学",由(J. Newman)纽曼编辑,卷 4,pp. 2,138 - 157,西蒙与舒斯特出版社,纽约(1956);卢卡斯(T. W. Lucas)和特克斯(T. Turkes),《海军后勤学研究》(*Naval Research Logistics*),50,197(2003);麦凯(N. MacKay),《今日数学》(*Mathematics Today*),42,170(2006)。——原注

[2] 例如,对于战斗单位分别为 G 个和 B 个的情况,我们可以使用一个更通用的交互模式,$dB/dt = -gG^pB^q$ 和 $dG/dt = -bB^pG^q$。这意味着战斗中的常量为 $gG^w - bB^w$,其中 $w = 1 + p - q$。我们讨论过的简单模式里 $p = 1$ 且 $q = 0$。一个完全随机的火力和单位分布模型则有 $p - q = -1$,那么 $w = 0$。在后一种情况下,结果将由有效性的差值决定,而战斗单位的数量将不会是一个因素。研究人员研究了适合 p 和 q 的最佳值的不同战斗,以了解事件的结果。——原注

计算机游戏时，可以看看它是否有效。如果你设计游戏，那么这些规则会帮助你设计均衡的对手力量，因为你会认识到如何以及为什么在一场战争游戏中，数量本身并不是决定因素。

被振碎的酒杯

　　有一个民间音乐传说，说歌手强大的高音能够振碎玻璃杯、吊灯甚至窗户。我从来没有见到歌手这样做过（不是物理实验室里的定向超声波束[①]），虽然网上有演示的视频剪辑[②]，有些舞台表演似乎被一些专家怀疑。为什么这会成为可能呢？它是如何成为可能的呢？

　　酒杯的边缘可以通过敲击而振动。边缘的一部分向内运动而其他部分向外运动，在它们之间总有一个点不动。这些运动推动空气产生了一个声波，而玻璃杯的"鸣声"很容易听到。如果你的酒杯是厚玻璃做的，那么它们可以这样"振鸣"，而没有断裂的危险，因为玻璃不会有多大的振动。当玻璃杯很薄，或有裂缝时，玻璃杯边缘的强大振荡会引起破碎。玻璃杯边缘的振动会有一个固有频率，在这个频率上玻璃杯边缘稍有干扰就会产生振荡。如果一个歌手在这个特定的频率上产生声波，那么它将与玻璃杯边缘生成共振，产生一个放大的振荡使

---

① 　如果你有过肾结石，并在医院接受治疗，那么你可能是由声波将结石击成小碎块的。——原注

② 　吕克纳（W. Rueckner），古德尔（D. Goodale），罗森堡（D. Rosenberg），斯蒂尔（S. Steel）和塔维拉（D. Tavilla），《美国物理学杂志》（*American Journal of Physics*），61，184（1993）。——原注

得玻璃杯破碎。

　　要让这件事情发生,玻璃杯需要用薄型玻璃(有些裂缝也会有帮助)制成。歌手要产生非常高的音量推动空气分子强有力地作用在玻璃杯上,并让音调保持在所需的频率上约2—3秒,以维持共振。职业歌手通过敲击玻璃杯,就好像把它当作音叉,应该能够把他的声音调整到所需的频率上。这揭示了共振频率。现在歌手必须产生一个具有破坏性振幅和精确频率的声音强度,并保持几秒钟。略高于100分贝就足以击碎一片水晶。训练多年的歌剧歌唱家能够产生并维持这一声音水平,这是我们正常说话音量的两倍。幸亏达到所需的音量强度的频率不是一件容易做到的事,无论是无意还是故意的,这都非常罕见——超出大多数人的经验。然而,如果声音被非常大地放大,就足以振碎玻璃杯而不需要达到共振的频率。四十多年前,一个美国电视广告播放菲兹杰拉德(Ella Fitzgerald)轻易地用她的声音振碎玻璃杯,但她的声音是否通过扬声器被大大地放大了?实际上,是玻璃杯存在的缺陷提供了最好的振碎它的机会,而不是将声音放大。2005年美国声音教练温德拉(Jamie Vendera)在探索频道《流言终结者》节目中做了个受控的示范。他在找到能被振碎的玻璃杯以前,尝试了12个杯子。在这个伟大的卡鲁索(Caruso,著名男高音歌唱家)日里,酒杯也许更薄而且包含更多的微小缺陷。

让光线照进来

　　窗户,特别是老建筑上的装饰窗,有各种各样的形状和朝向。能够透过窗户射入建筑物的光量与透明玻璃的表面积成正比,如果我们忽略任何形式的百叶窗、着色或垂帘。假设大教堂窗户的边界形状是正方形,每个边长为 S,那么进入窗户的光量就取决于透明区域的面积 S^2。如果你现在认为室内光线太亮,想减少目前水平的一半光线,而不引入任何难看的百叶窗或窗帘,你应该做什么呢?对这个问题最优雅的解法就是在一个 $S \times S$ 面积的墙面中用一个正方形窗,但旋转 45 度成菱形方向,光线将会减少一半。

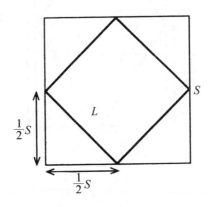

　　新的菱形窗户,用毕达哥拉斯定理得到边长 L,因为

$$L^2 = \left(\frac{1}{2}S\right)^2 + \left(\frac{1}{2}S\right)^2 = \frac{1}{2}S^2。$$

这使得 $L = 0.71S$。原来的玻璃窗的面积是 S^2，但新的菱形窗面积为 $L^2 = \frac{1}{2}S^2$。恰好，无论正方形的大小是多少，我们看到它的面积是原来的一半。

如果我们必须用一个矩形窗户，仍然可以保留同样好的性质。将正方形的水平边长改为 T，另一边仍为 S。那么长方形窗的面积为 ST。在同样的空间放置一个对称的菱形窗。菱形部分的面积正好是面积 ST 减去四个三角形的面积。每一个三角形的底边是 $\frac{1}{2}T$，高是 $\frac{1}{2}S$，所以四个三角形的面积是 $4 \times \frac{1}{2} \times \frac{1}{2}T \times \frac{1}{2}S = \frac{1}{2}ST$。菱形的面积又正好是原来矩形面积的一半。这也不仅仅关乎窗户：把一个正方形或长方形的蛋糕制作成菱形，你在填充蛋糕模板时只需要一半的蛋糕材料。

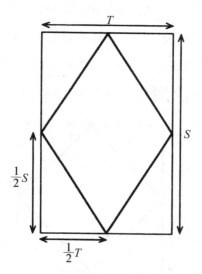

特殊三角形

我们已经看到各种各样的特殊比例。如黄金分割,在整个历史过程中传统地对设计师、建筑师和艺术家都有重要的影响。有一个在概念上更加简单的特殊形状,作为一个设计元素,也同样有吸引力,因为它自然地吸引人们去继续产生类似自我复制的层次结构。它的基本图案是一个等腰三角形,它的两个底角为 72 度,这样顶角就是 $180 - (2 \times 72) = 36$ 度。我们把这样的三角形叫作"特殊"三角形。由于这种"特殊"三角形的顶角是底角的一半,我们可以通过平分两个底角得到两个新的"特殊"三角形(在下页图中以实线和虚线表示)。两个新的"特殊"三角形的顶角在原三角形的底角内。由于它们是由原来的"特殊"三角形底角的角平分线

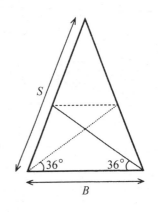

形成的,顶角为 $\frac{1}{2} \times 72 = 36$ 度,满足"特殊"三角形的要求。

这个过程可以任意多次地继续,我们刚刚平分底角产生的两个"特殊"三角形,每一个"特殊"三角形又可以产生两个"特殊"三角形。结果是一个由"特殊"

三角形左一个右一个搭成的塔,如下图所示,每一个比它的前一个小。

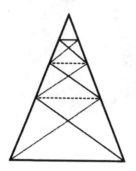

　　有时我们把这种"特殊"三角形称为"黄金"三角形(或"升华"三角形)——虽然这个术语现在似乎是用来描述旅行者、广告,或有三个结点的网络。数学"镀金"存在很好的理由。由于我们的"特殊"三角形的底角等于 36 度,三角形长边 S 与三角形底边 B 的比例等于黄金比例①:

$$S/B = (1 + \sqrt{5})/2$$

　　因此,我们的"特殊"三角形是一个"黄金"三角形。

---

① 三角形的顶角是 36 度 = π/5 弧度,那么它的余弦等于黄金比例的一半。——原注

平面日晷是黄金的

我们对特殊黄金三角形的研究,让我们引入一个与等腰三角形密切相关的三角形,它的两条相等的短边的长度与第三条长边的长度之比,是黄金比例 g 的倒数,等于 $1/g = 2/(1+\sqrt{5})$。这是一个较平坦的等腰三角形,它的顶角大于 90 度,它被称为"黄金日晷"。这是唯一的三个角比例是 1:1:3 的三角形,并且两个底角都等于 36 度,与第 65 章中特殊"黄金"三角形的顶角的角度一样,而"黄金日晷"的顶角为 108 度。在下页图中,我们显示了黄金日晷三角形 AXC 与一个黄金三角形 XCB 相邻,边长以黄金比例 $g = (1+\sqrt{5})/2$ 的形式表示①。三角形 AXC 的两个底角和黄金三角形 XCB 的顶角都等于 36 度。

从这幅图中我们可以很容易地看到,黄金三角形 ABC 总是可以分为更小的黄金三角形 XCB 和黄金日晷三角形 AXC,它们有同长的一对等边(下页图中的 g)。这两个三角形作为基本要素被用在创建迷人的非周期性的设计中,如彭罗斯铺砌。在彭罗斯(Roger Penrose)的永无止境的平面铺砌中"风筝"和"飞镖"相互交织,其中黄金三角形用作"风筝",而两个黄金日晷三角形用作"飞镖"。

---

① 如果所有这些长度乘以这个同样的数,则会产生另一个例子。——原注

虽然他和安曼(Robert Ammann)在 1974 年独立发现了这种设计①,它似乎也出现在 15 世纪,是伊斯兰艺术家②对填充空间的复杂铺砌模式的美学追求的一部分。

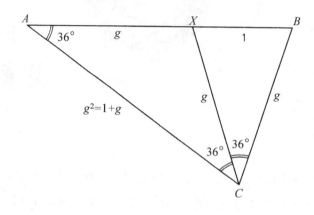

---

① 彭罗斯,《数学及其应用研究所通报》(*Bulletin of the Institute for Mathematics and its Applications*),10,266 ff. (1974)和《尤里卡》,39,16(1978)。——原注
② 卢(P. Lu)和斯坦哈特(P. Steinhardt),《科学》,315,1,106(2007)。——原注

斯科特·金
的颠倒世界

　　我们知道,有一些字母,如 O 和 H,和一些数字,如 8,把它们上下颠倒,看起来是一样的。这意味着你可以将这些符号串在一起产生一系列这样的词,如 OXO,它们上下颠倒后看起来仍然相同。

　　更大的挑战是进行不同类型的倒置,例如从后向前写东西,比如把短语(如 "never odd or even")倒序,它仍是一样的,或者至少仍有意义。莫扎特写下的乐曲就可以倒过来或者说从后向前演奏,仍然是令人愉悦的音乐。

　　在平面设计的世界中,斯科特·金(Scott Kim)以创建倒反过来虽不是不变,但通过一种反演强化的形式保留甚至增强其意义的字母系统而著名。霍夫施塔特(Douglas Hofstadter)给这些形象命名为"对称字"。已故的科幻小说作家阿西莫夫(Isaac Asimov)曾称斯科特·金为"字母埃舍尔",因为他令人意想不到地使用形状和倒置。

　　斯科特·金的作品集可以在他的著作《倒置》(Inversions)中看到①。这里有他的一个上下倒置的经典作品,创作于 1989 年(把下页图上下颠倒过来充分欣赏它)。

---

① 斯科特·金,《倒置》,富瑞曼出版社,旧金山(1989)。——原注

Inversions
Scotthny

莎士比亚认识
多少个词

  书籍及报纸的生产一直被排版错误的小妖怪所困扰。甚至在自动拼写检查的时代,错别字始终存在。事实上,有时这些自动拼写检查只是引入不同类型的拼写错误。你如何估计在一篇文章中有多少个错误?

  可以做一个简单的估计,如果你安排两位校对员独立工作,然后比较他们的校对结果。假设第一位校对员发现 A 个错误,第二位校对员发现 B 个错误,其中 C 个错误第一位校对员也发现了。显然,如果 C 的数目很小,你倾向于认为他们不是很细心的校对员,但是如果 C 的数目比较大,那么他们都是有眼力的,他们两位都没有发现的错误存在的可能性很小。值得注意的是,只要知道 A、B 和 C 所代表的三个数,我们就可以对仍未被发现的错误有一个很好的估计。假设错误总数是 M,那么两位校对员独立检查后仍需要被发现的错误数为 $M-A-B+C$,其中 $+C$ 以避免重复计算被两者都发现的错误数。现在假设两位校对员发现一个错误的概率分别是 a 和 b。这意味着统计上,$A=aM$,$B=bM$,但是因为他们独立搜索,也意味着他们都发现同一个错误的概率就是每个人的概率的乘积,所以 $C=abM$。这三个公式结合起来消除 a 和 b——这两个我们不知道的因素,因为 $AB=abM^2=(C/M)M^2$,于是我们所估计的校样中错误总数 $M=AB/C$。因此,两位校对员都没有发现的错误数为:

$$M - A - B + C = (AB/C) - A - B + C = (A - C)(B - C)/C$$

错误的总数量就是仅由第一位校对员发现的错误数乘以仅由第二位校对员发现的错误数除以由他们两位共同发现的错误数。这符合我们的直觉。如果 C 很小,而 A 和 B 很大,那么两位校对员都忽略了很多错误,很可能有很多错误他们两位都没有发现。

这个简单的例子显示了两位校对员的独立性是一个如何强大的假设。它使两位校对员的有效性 a 和 b,从计算中除去。它可以用来解决其他有不同的信息量的问题。例如,也许有两位以上的校对员,或者某人可能会对他们发现一定数量错误的可能性赋予一个合理的概率公式,并用它们实际的表现来确定公式,更详细地描述每位校对员。统计学家也展示了如何将这个方法用于其他有趣的抽样问题,如对公众进行大量的独立调查,来确定在特定时期内他们在花园里看到多少种不同的鸟。

一个特别有趣的应用,是通过检查莎士比亚每个戏剧中使用的单词来估计他认识多少个词。在这种情况下,我们感兴趣的是对于某一剧本中独一无二的单词数量,或者只用在仅仅两个剧本,或三个剧本,或四个剧本,等等。我们还想知道有多少单词用于所有的剧本中。这些数量是我们简单的校对例子中 A,B 和 C 的同类和扩展。再次,我们有可能估算莎士比亚在创作剧本时能够使用的单词的总数量,而不需要知道他使用特殊单词的概率。当然,他尤其擅长发明生动的新单词,其中很多,像"减少"(dwindle)、"关键"(critical)、"节俭"(frugal)、"巨大"(vast),是现在日常生活中被大量使用的。据称,仅仅《哈姆雷特》(Hamlet)的剧本就向观众推出了 600 个新词。统计莎士比亚作品所有词的语言学家为了一致性,告诉我们,莎士比亚用了 31 534 个不同的词和总共 884 647 个词,包括重复使用的。其中,14 376 个词使用了 1 次,4343 个词使用了 2 次,2292 个词使用了 3 次,1463 个词使用了 4 次,1043 个词使用了 5 次,837 个词使用了 6 次,638 个词使用了 7 次,519 个词使用了 8 次,430 个词使用了 9 次,364 个词使用了 10 次。这些信息可以用来估算如果我们找到了新的,与所有已知作品同样长度的莎士比亚作品,会出现多少新单词。反复这样做,得到一个收敛于 35 000 个词的估计值,这是莎士比亚认识,但没有在他的作品中使用的词的最佳估算。如果我们将这个数字与已知的用于他作品中的 31 534 个不同的词相加,那么对他的所有的工作词的最佳估算是 66 534 个。

　　埃弗龙(B. Efron)和蒂斯特德(R. Thisted)于 1976 年[①]首次完成这些单词频率分析,几年后,新发现了一首莎士比亚的十四行诗。它包含了 429 个词,并提供了一种有趣的可能性,分析已知作品来预测在这首十四行诗中,应该有多少词未出现在他的其他所有作品中,或者只出现过一次或两次。从完整的早期作品中使用单词频率分析,预测到在这首十四行诗中约有 7 个词从来没有在其他地方出现过(实际上是 9 个),约 4 个词在其他地方出现过一次(实际上是 7 个),大约三个词在其他地方出现过两次(实际上是 5 个)[②]。这些预测的准确性是相当好的,确认了莎士比亚单词使用的基本统计模式是合理的。同样的方法可以用来研究其他作者,或其他有争议作者的调查案例。文本越长,采样的词越多,结果更令人信服。

---

① 埃弗龙和蒂斯特德将每一个词的不同形式,如单数和复数,作为不同的词,见《生物统计学》(*Biometrical*),63,435(1976)。——原注
② 本内特(J. O. Bennett),布里格斯(W. L. Briggs)和特廖拉(M. F. Triola),《日常生活中的统计推理》(*Statistical Reasoning for Everyday Life*),阿迪生·韦斯利出版社,纽约(2002)。——原注

首位数定律

简单数学最引人注目的一个规则是被称为本福德定律,它以美国工程师本福德(Frank Benford)的名字命名。本福德于1938年 [1]写下这条定律,虽然它是由美国天文学家纽科姆(Simon Newcomb)[2]于1881年首先提出的。他们都注意到,很多数的集合显然是随机聚合的,如湖泊的面积、棒球得分、2的幂次、杂志中的数字、恒星的位置、价目表、物理常数或者会计条目,其首位数服从一个精度非常好的特别概率分布,无论测量它们所使用的单位是什么[3]。

多么奇怪;你可能认为数字为1,2,3,…,9有相同的可能性出现在首位,每一个都有约等于0.11的概率(所以9个这样的概率,以高精确度得总和为1)。但纽科姆和本福德发现首位数字 d,在一个大小合适的样本中往往遵循另一个

---

① 本福德,《美国哲学学会论文集》(*Proceedings of the American Philosophical Sociaty*),78,551(1938)。——原注

② 纽科姆,《美国数学杂志》(*American Journal of Mathematics*),4,39(1881)。——原注

③ 这适用于有维度的量,比如面积。纽科姆和本福德的分布不因测量的量具有新的单位而改变。这种不变性条件,即首位数的分布满足 $P(kx) = f(k)P(x)$,其中 k 是常数,意味着 $P(x = 1/x$ 且 $f(k) = 1/k$。它唯一地选择了纽科姆本福德分布,因为 $P(d) = \left[\int_d^{d+1} dx/x\right] / \left[\int_1^{10} dx/x\right] = \log_{10}[1 + 1/d]$。——原注

简单的频率定律①(如果数中有小数点,那么在每种情况下只取小数点后的第一位数字,因此,1 就是数字 3.1348 里的小数点后的第一位数字):

$$P(d) = \log_{10}[1 + 1/d], d = 1,2,3,\cdots,9$$

此规则预测的概率 $P(1) = 0.30, P(2) = 0.18, P(3) = 0.12, P(4) = 0.10, P(5) = 0.08, P(6) = 0.07, P(7) = 0.06, P(8) = 0.05, P(9) = 0.05$。数字 1 最可能发生的频率是 0.30,比相同可能性预期的 0.11 大许多。有各种非常复杂的方式可以得到 $P(d)$ 的公式,它告诉我们,不同数位的概率是均匀地分布在对数尺度上的。但最好能更简单地理解为什么有一个向较小数字的倾斜。想象一下,随着我们让数列表增长,首位数为 1 的机会怎样变化。取前面两个数,1 和 2——1 成为首位数的概率显然刚好是 1/2。如果我们包括 1 到 9 的所有数,那么 $P(1)$ 的概率降为 1/9。当我们增加下一个数 10,它跳跃到 1/5,因为两个数(1 和 10)都从 1 开始。算入 11、12、13、14、15、16、17、18、19,突然 $P(1)$ 跳至 11/19。但是现在继续到 99,不会有新数以 1 开头,那么 $P(1)$ 持续下降,99 之后,只有 $P(1) = 11/99$。当我们达到 100 时,这个概率将一路增加,直到 199,因为每一个介于 100 到 199 的数都以 1 开头。所以我们可以看到,随着数的增加,在 9,99,999 以后,首位数为 1 的概率 $P(1)$ 先上升后下降,以锯齿波模式继续。纽科姆本福德法则只是 $P(1)$ 那些起伏的锯齿波图形在一个非常大的数量中的平均值,约为 0.30。

纽科姆本福德定律的普遍性是非常惊人的。它甚至被用来作为识别潜在可疑的纳税申报表的工具——如果数字不是"自然"生成的,而是人为捏造或由随机数字发生器产生的,那么将不会服从纽科姆本福德定律。这个想法在 1992 年

---

① 如果我们写出以 b 为底数的算术式,那么会出现同样的分布,只是对数的底是 b 而不是 10。——原注

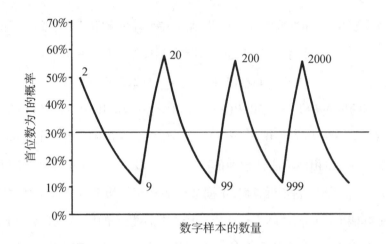

由一个在辛辛那提大学的博士生尼格里尼(Mark Nigrini)引入[1]，能非常有效地识别虚假数据。布鲁克林地区检察官办公室的调查总监尝试用尼格里尼的方法回顾性地分析了七项会计欺诈案例，都成功地识别了它们。这些分析的弱点是如果数字发生任何系统的四舍五入，则会影响原始数据的准确性。

尽管纽科姆本福德定律有普遍适用性，但不是万能的：它不是一个自然规律[2]。人类身高或体重、智商数据、电话号码、房子号码、素数和彩票中奖号码等的分布似乎不遵循纽科姆本福德定律。那么描述这些首位数的分布需要什么条件呢？

你正在使用的数据应该使用相同类型的量——不要试图将湖泊面积和国家保险号加在一起。在数据集合中不应该由最大或最小允许值而强加任何截断，就如作为一般情况的房子号码，某些数字不能由如邮政编码和电话号码的数字系统分配。发生频率的分布必须相当平稳，没有在某些特定数附近的大峰值。

---

[1] 尼格里尼，《通过一个数位分布分析检测收入逃税》，辛辛那提大学博士论文（1992）。——原注

[2] 他们的定律完全适合任何概率分布 $P(x) = 1/x$ 的过程，其中结果 x 在 0 到 1 的区域内。如果 $P(x) = 1/x^a$ 其中 $a \neq 1$，那么首位数 d 的概率分布为 $P(d) = (10^{1-a} - 1)^{-1}[(d+1)^{1-a} - d^{1-a}]$。对于 $a = 2$，$P(1)$ 是 0.56。——原注

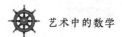

不过,最重要的是,这些数据需要覆盖广泛的数字(数十、数百和数千),并且它们出现概率的分布也要广泛而平坦,而不是在某个明确的平均值附近有狭窄的高峰。当绘制概率分布图时,这意味着你计算曲线下某个区间的面积,主要取决于分布的宽度,而不是它的高度(如下图中的例 a)。如果分布相对较窄(如下图中例 b),那么它的高度比宽度能更多地决定——正如成人体重的频率分布——那么这些质量的首位数将不会遵循纽科姆本福德定律。

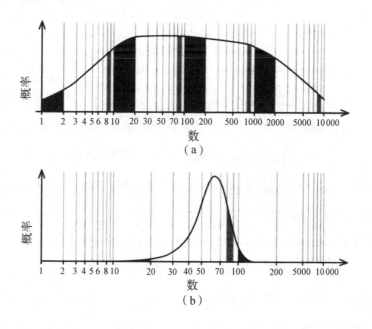

器官捐献的参数选择

在许多情况下，投票表决是显而易见的事实。你可能正在选举中投票表决，或正经历一个求职筛选过程，企业招聘人员用投票表决的方式选择他们最喜欢的候选人。也有一些关键的情况，你可能没有意识到投票表决正在发生。例如，宇宙飞船的火箭发射或选择候选人接受捐赠者移植的器官。在火箭发射时，不同的电脑会分析所有的检测诊断以确定发射是否安全直到倒计时的最后一刻。它们可能有不同的程序和不同的算法来评估这些信息。它们每个通过选择"发射"或"中止"来"投票表决"，要发射需要大多数赞成票①。

器官移植是根据不同的标准给被移植候选人打分来排名，比如他们已经等了多久，供体和受体之间的抗原匹配程度，以及抗体排斥组织匹配的人口比例。针对这些条件的每一种发明出了一些计分系统，这些得分的总和生成一个排名列表来决定可供心脏或肾脏的首选接受者。因此我们发现在政治上的问题类似地出现在生死攸关的医疗中。

这个计分系统会有一些奇怪的结果。抗原和抗体的兼容性测量由固定的规

---

① 由明斯基（Marvin Minsky）在他的《心智的社会》（*The Society of Mind*，西蒙与舒斯特出版社，1987）中建议，人类的思维方式也是这样的。——原注

则决定,比如在潜在捐献者和受体之间的抗原匹配为 2 分。这里显然存在一个问题,相对于其他因素这如何加权——你会给多少分? 这将永远是一个部分主观的选择。等待时间这个因素更加棘手。举例来说,假设你给每一位潜在的接受者一个分数,这个分数为在等待名单上分数等于或小于他的人的比例乘以 10(我们假设没有绑定的位置)。这意味着在一个 5 人名单中(A 到 E),他们相应的分数为 10、8、6、4 和 2。例如,第二个候选人在 5 个人中有 4 个的分数等于或低于他,所以分数为 $10 \times 4/5 = 8$。假设他们的其他条件使他们的总分为 $A = 10 + 5 = 15$,$B = 8 + 6 = 14$,$C = 6 + 0 = 6$,$D = 4 + 12 = 16$,$E = 2 + 21 = 23$。所以移植的器官给 E,如果两个移植器官一起到,那么第二个就是 D。

现在假设第二个移植器官比第一个略后到达①。这个时间足够长,可以重新计算等待时间分数,这时 E 已经从候选队列中除去并在手术中了。抗原和抗体的分数将保持不变,但等待时间的评分将发生变化。现在只有 4 个人在等待队列中,等待时间的分数现在为 $A = 10$,$B = 7.5$,$C = 5$ 和 $D = 2.5$(例如,B 在 4 个人里有 3 个的等待时间等于或小于他,现在的分数为 $3/4 \times 10 = 7.5$)。再重新计算总的分数,我们发现现在 $A = 15$,$B = 13.5$,$C = 5$ 和 $D = 14.5$,第一个接受器官的成为 A,而不是我们以前认为的 D 了。这是一个典型的例子,一个产生单一赢家的投票表决系统可以产生多么奇怪的结果。得分和条件都可以修补以避免这种看似悖论的出现,但新的悖论总会冒出来取代它②。

---

① 扬(P. Young),《理论和实践中的公平》(*Equity in Theory and Practice*),p. 461,普林斯顿大学出版社,普林斯顿,新泽西州(1994)。这点在《为了所有的实际目的》(*For All Pratical Purposes*)中也有讨论,加尔丰克尔(S. Garfunkel)编辑,第九版,富瑞曼出版社,纽约,1995。——原注

② 这一点由诺贝尔经济奖获得者、经济学家阿罗(Ken Arrow)对于在一般条件下的投票系统予以证明。——原注

椭圆形的
回音长廊

　　世界上有许多伟大的建筑,它们的房间或长廊具有不同寻常的声学性质,被戏称为"回音长廊"。这些建筑有很多种不同的类型,从几何的观点看,其中最有趣的一种是椭圆形的房间。最著名的是美国国会大厦的雕像大厅,曾用作众议院。1820 年代,后来的美国总统亚当斯(John Quincy Adams)当时还是众议院的成员,他凭经验意识到,如果他将办公桌放在这个椭圆形的焦点之一上,那么他就能够很容易地听到另一个焦点位置上的同事们的交谈声。

　　这种回音长廊的效果来源于椭圆形那特殊的几何性质。椭圆是一个点的路径轨迹所画出的曲线,这个点到两个固定点的距离之和永远等于一个常数①。这两个固定点就是椭圆的焦点。

　　如果从一个焦点画一条线到椭圆的边缘,然后反射回椭圆内部,那么反射的路径将经过另一个焦点②。所以,如果我们从第一个焦点发出声波,那么所有这

---

① 　如果你用绳子将一只山羊系在两个不同的固定点,山羊吃草范围的边界将呈现椭圆形状。——原注

② 　我们在椭圆边缘的反射点上画一条切线。入射线和反射线与这条切线的夹角都是相等的。这将确保反射路径穿过另一个焦点。将这个论证过程逆转,可证明从另一个焦点入射的线反射后会经过第一个焦点。——原注

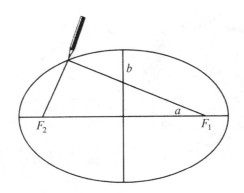

些声波撞到椭圆房间的墙壁后反射回来后,都会经过另一个焦点。至关重要的是,由椭圆的定义,所有这些路径的总长度是相同的,无论它们在椭圆墙壁上的哪一点反射。这意味着它们将在同一个时间到达另一个焦点。如下图所示,声波从左边的焦点发出,然后反射并集中到第二个焦点,同时到达。

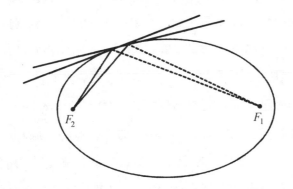

许多年前,我在伦敦皇家学院做过一次"晚间演讲",其中包括球杆类游戏如台球和桌球的混沌的敏感性演示。演示中使用了一种椭圆形桌球台,它的洞位于椭圆的一个焦点,而不是传统的桌球台边缘的口袋处。这确保我从另一个焦点以任何我喜欢的方式击出的球,从台球桌边缘的任何处反弹后,将不可避免地落入位于另一个焦点的洞里面。

尤帕利努斯隧道

如果你去希腊的萨摩斯岛,你可以去探索位于毕达哥拉斯镇附近的古代工程奇迹一隅,毕达哥拉斯镇是这个岛上的主要城镇,并据称是毕达哥拉斯的出生地。当我第一次去的时候,为这个城镇在 2500 年前就已建成感到惊奇。

在古代,毕达哥拉斯镇很容易受到军队的入侵,因为敌军可以切断或污染它的水源,这水必须从岛的另一侧在地面上运送过来。为了应对这样的潜在威胁,萨默斯岛和爱琴海地区的专制统治者波利克拉特斯(Polycrates),决定挖一条新的受保护的运水通道。他雇用了一位伟大的工程师——麦加拉的尤帕利努斯(Eupalinos),挖掘一条地下水渠,能够将隐蔽的泉水输送到卡斯特罗山下的毕达哥拉斯镇。这个工程始于公元前 530 年,10 年后完成。这个工程需要尤帕利努斯挖掘(可能使用了波利克拉特斯的奴隶和囚犯)大约 7000 立方米的坚硬的石灰岩,在山顶下平均 170 米的位置挖一条长 1036 米,约 2.6 米见方的直线隧道。如果你今天走进去,可能没有意识到有一个水渠在那里,这可以被谅解,因为它很巧妙地隐藏在步行通道下,只在一侧有一个狭窄的缝隙可以进到下面。

这是一项艰巨的工程。尤帕利努斯决定从两端同时进行以将工程时间减半,两个施工队在中途相遇。这说起来容易做起来难,而且波利克拉特斯不是以宽容出名的。尽管如此,经过 10 年,尤帕利努斯的两个隧道施工队相遇时仅偏差了约 60 厘米,高度偏差约 5 厘米。他是怎么做到的呢? 那时的希腊人没有磁罗盘或详细的地形图。答案是对直角三角形①的几何理解——这比它后来被编入欧几里得的名著《几何原本》(*Elements*)早了两个世纪——再加上一个聪明的技巧。那时的工程师显然都知道这个几何原理,毕达哥拉斯和毕达哥拉斯学派的成员也许见证了这一几何知识的特殊传承。

尤帕利努斯需要确保挖掘者在同一海拔高度的同一点相遇。在山两侧的两个起始点的高度可以通过铺设一长段淌着水的黏土道作为水平仪来比较。通过绕山铺设的黏土道,检查铺设的起点和终点是否在一个水平高度。之后,就可以确保隧道在毕达哥拉斯镇附近的末端比在泉水处的开端低,这样水就能沿下坡流向小镇。这是最容易的一环。但是又怎么能够确保工程师们能够在正确的方向开凿隧道,从而可以在中间相遇呢?

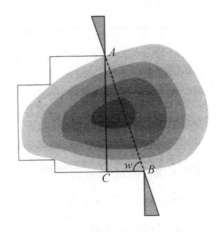

① 亚历山大的希罗(Hero)在近 500 年后写了一篇论文,解释了本文描述的隧道工程实施的几何理论。请参阅(T. Heath)希思,《希腊数学史》(*A History of Greek Mathematics*),卷 2,p. 345,都福出版社,纽约(1981)。1921 年初版。——原注

假设隧道的两端在 A 点和 B 点,下图是地下隧道的俯视图。现在在地面做测量来确定起始点 A 和结束点 B 之间 BC 和 AC 的水平距离。

然而,这不是那么容易的,因为地面不是水平的。尤帕利努斯可能使用一系列卡尺,每一个都与前一个成直角,在 B 和 A 之间往复①。

这将使他算出 A 和 B 之间在 BC 和 CA 方向的净距离。知道这些长度,他就可以确定角度 w,以及三角形的形状。他现在可以从 A 点向由角度 w 确定的方向建立一系列标记点。接下来,他可以去 B 点,设定一列标记点,指向由角度 90 − w 确定的方向。如果隧道挖掘者继续沿着标志点向前移动,沿着 AB 方向成一线,那么他们将有望会合。

尤帕利努斯意识到随着多年来的挖掘有可能累积了方向误差,因此他在中途阶段隧道接近终点的地方聪明地运用了一个技巧,以增加两队相遇的可能性。他慎重地对两段隧道在方向上引入一个小小的改变,这样它们能够相交在水平面上,在这个阶段增加高度,使他们在垂直平面上更难错过②。我们可以在隧道的中间看到这个狗腿结。

经过 10 年的工作,以及超过 4000 根管道的装配,隧道挖掘者在相隔 12 米左右能够听到彼此的锤击声,并改变了方向以大约 90 度角相遇。

虽然是在历史学家希罗多德(Herodotus)的著作中(公元前 457 年他住在萨摩斯)知道了这一引人注目的隧道,直到 1853 年法国考古学家介朗(Victor Gúerin)在北端发现了水渠的一部分,这条隧道才重新被发现。当地一名修道院

① 伯恩斯(A. Burns),Isis 62,172(1971);阿波斯托尔(T. M. Apostol),《工程与科学》(*Engineering and Science*)1,30(2004)。——原注
② 奥尔松(Å. Olson),《古安那托利亚》(*Anatolia Antiqua*),20,25,法国安那托利亚语研究所(2012)。——原注

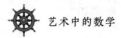

院长随后说服岛民恢复隧道,1882 年隧道的很大一部分由志愿者发现并清理干净。不幸的是,这个隧道又被忽视了将近一个世纪,才又被重新发现、翻新并最终装上灯光,使游客能够从毕达哥拉斯镇附近的入口参观探索它的部分隧道。

大金字塔的
工效研究

    吉萨的胡夫大金字塔是古代人类最惊人的建筑,而且是世界七大古代奇迹中最古老的。它于公元前 2560 年完工,原本比周围地面高出 146.5 米(相当于 45 层楼的摩天大厦),在 14 世纪林肯大教堂的塔尖出现之前,没有更高的人类建筑能够耸立起来①。我们今天看到的金字塔的承载结构原本是由闪亮的白色石灰岩包裹的。这些套在外面的石头在公元 1356 年的地颤后严重松脱,逐渐崩落。几个世纪以来它们被移除并被重新用来构建开罗的城堡和清真寺,只有少数石块仍然留在地面上。

    金字塔底部每边长 230.4 米,误差在 18 厘米内,它包含大约 700 万吨的石灰岩。胡夫法老执政 23 年,从公元前 2590 年到前 2567 年,所以可能这是一个准确的建设时间的上限,为他准备一个盛大墓室:只有 8400 天来移动大约 230 万吨的石头到位。比它更早的金字塔据悉建造了大约 80 年。当然,没有人一开始就知道法老什么时候会死去。与平均生命短暂的埃及人相比,他们中的许多

---

①   体积最大的金字塔是乔鲁拉的大金字塔,位于墨西哥的普埃布拉州。它建于公元前 900 年到公元前 30 年之间,被认为是世界上最大的人工建筑。金字塔在许多不同的古代文化中被创造,因为它的基本几何造型具有优越性:大部分结构接近地面,对于承重的要求小于垂直塔状。——原注

人活到很大年龄,这也一定使得他们显得更加神圣,但他们也必须战胜疾病、战争和来自嫉妒的、雄心勃勃的亲属们的暗杀。

1996 年,丹佛自然历史博物馆的威尔(Stuart Kirklard Wier)对这个伟大的建筑工程做了一个详细的工效研究,以了解有多少人参与这个伟大的建设①。

威尔做了一些简单的计算。金字塔的体积为 $V = Bh/3$,其中 $B = 230.4 \times 230.4$ 米^2,为金字塔正方形底面的面积,$h = 146.5$ 米,为金字塔的高度,所以大金字塔的体积为 $V = 2.6 \times 10^6$ 米^3。对于一个实心的金字塔(我们假设这个金字塔为实心),重心位于从基底到顶端的垂直线上高 $h/4$ 的地方②。这意味着必须要将总质量为 M 的材料提高到离地面 $h/4$ 的高度所做的功为 $Mgh/4$,其中 $g = 9.8$ 米/秒^2,为重力加速度,$M = Vd$,$d = 2.7 \times 10^3$ 千克/米^3,是石灰岩的密度。因此,将石头垂直提升所需要的功为 2.5×10^{12} 焦。普遍的看法是,一个体力工作者平均一天能够完成的工作量为 2.4×10^5 焦。然而,在 4 月下旬(在天气变得真的很热之前)参观过大金字塔后,我怀疑埃及工人的工作能力在烈日下会略低于这个数字。如果这项建筑工程用了胡夫整个的统治时间 8400 天,那么要独立完成这个巨大项目至少需要的劳动力人数为:

工人的数量 $= (2.5 \times 10^{12})/(8400 \times 2.4 \times 10^5) = 1240$。

除了我们假设的建造速度恒定以外,威尔考虑到许多不同的建筑策略;例如,随着构建高度的增加,建造速度的递减,或者接近尾声时会越来越慢。这对整个金字塔建设没有多大影响。即使整体的工作效率只有我们假设的最大效率的 10%,因为一年里部分时段不利的天气,极度炎热,休息时间,事故或从采石场将巨石滑动上金字塔需要克服的摩擦力,这些工作还是在 23 年里由 1240 个工人完成③。这是一个相当真实的场景,因为它只占这个国家当时人口的 1‰ 左

---

① 威尔,《剑桥考古杂志》(Cambridge Archaedogical Journal),6,150(1996)。——原注
② 如果金字塔是空心的,那么这里改为 $h/3$。——原注
③ 工程师对建筑项目的不同类型的关键路径分析估计大约需要 20 年,这是一个关于工人数目和工作时间可作选择的很好共识。请参阅史密斯(C. B. Smith)的文章,"公元前的项目管理",《土木工程》(Civil Engineering),6 月刊,1999。——原注

右,据估计当时埃及的人口约为 110 万—150 万。事实上,一段时间的"为国服务"建造金字塔,在当时的男性失业问题上,似乎没有什么明显的削减,而减少失业曾被认为是建设这些巨大项目的部分动机。

至今仍然无法完全理解法老的工程师们是如何将开采出来的巨石运到建造金字塔的地点,然后将它们拉上去或从地面向上升起以修建金字塔的①。那时使用过的设备没有一个完好地保留下来。然而,威尔已经帮助我们明白,从人力资源规划的角度,运用简单的数学计算,这些项目没有什么不切实际的。对于当时的埃及政府更具挑战性的是,在这样一个漫长的项目中,一直保持组织力的集中和预算控制,很可能这只是他们许多项目中的一个——毕竟,总还需要在附近建造一个小的备用金字塔,以防法老意外死亡吧。

---

① 最好的方法就是在滑轮一侧将一起重机挂在装有岩石的吊篮边,很多工人在另一侧的大篮子里。当工人的质量超过岩石的质量时,岩石就会上升,而工人下降到地面。——原注

在灌木丛中
识别老虎

　　任何抽象艺术的创造者必须面对的问题是人类眼睛对复杂图案的识别能力和感受性。我们的进化史使我们善于在密集的场景中看到图案。枝叶中的线条可能是老虎的条纹；任何两侧对称的图案，就像动物的脸，很可能是活着的，因此或者是能吃的食物，或者是潜在的同伴，又或者是什么能吃了你的什么东西。无生命的东西通常没有这种两侧对称性，这是动物目标的首个很好的指示器。这种古老的敏感性，就是为什么我们在判断人体和脸部的美丽程度时，这么重视外部对称性，并且为什么公司投资数十亿美元设法提高、恢复或保持身体的外部对称。相比之下，看看我们内部，你会发现存在着巨大的不对称。

　　因此，对图案和对称性具有高度敏感性的人比不敏感的人，在人群中更容易生存下来。事实上，我们甚至可以预期一定程度的过度敏感性会被遗传下来，正如我们在第 25 章中讨论的。

　　这种有用的能力有各种各样奇怪的副产品。如人们在茶叶上，在火星的岩石表面，甚至在夜空的星座中能够看到脸。心理学家研究过很多我们识别图案的倾向，由瑞士心理学家罗夏（Hermann Rorschach）于 1960 年代设计的著名的墨迹测试，是将一个旧观念的某些关键元素正规化，这个旧观念就是通过感知墨迹的图案揭示人格的重要特质（或缺陷）。尽管罗夏最初的设计是专门测试精神分裂症的,在他去世后,这一测试似乎已经被用作通用的性格测试。测试包括十张带图案的卡片,有些是黑白的,有些是彩色的或者添加了色彩的,每张卡片两侧对称。测试的主题是不止一次地展示卡片,还旋转它们来汇报浮现在脑海中的自由联想。这一切的意义仍然是有争议的。然而,不用解释他们如何看到的,不可否认的是几乎所有的人在这些墨迹中看到了什么,这是大脑倾向寻找图案的一种表现。

这种趋势对于抽象艺术家是非常难对付的。他们通常不希望观众在抽象作品中看到任何特定的形象,如贝克汉姆(David Beckham)的脸或"666"这样的数字串。随机图案具有眼睛可以捕捉到的多个属性,因为眼睛通常对看到各种内容的相关性,比计算机程序用简单的统计指标搜索更为敏感。艺术家需要从不同的角度和不同的距离仔细地观看,以确保他们没有偶然地给抽象作品赋予一个令人分心的图案。一旦这个图案被确定和公布,每个人都能"看到",这一步就不能逆转了。

你不需要成为一个抽象艺术家,给你的作品导入不想要的图案。在海边看那些肖像画家,你会注意到,即使是在广告作品中,他们也会说服你相信他们的绘画技巧,许多面孔看起来奇怪地相像,而且不少看起来更像这位画家。即使有经验的艺术家也倾向于画他们自己面孔,如果他们不是肖像专家。我为同事霍金(Stephen Hawking)70岁生日的肖像画所震惊,这幅肖像画是2012年霍克尼(David Hockney)为科学博物馆庆祝霍金生日所作的。这是霍克尼用他的iPad对"绘画"产生新热情的一个例子。唉,我觉得肖像奇怪得像大卫·霍克尼。

热力学第二
定律的艺术

　　有一个漫画家对抽象表现主义艺术的评论展现了两个场景。在第一个场景中，艺术家正准备将一大桶颜料泼向一块空白的画布。在第二个场景中，我们看到一个意想不到的冲击结果：一个完美的女人的传统画像出现了，只是有几滴颜料从画布的底部滴下来。

　　为什么这很滑稽呢？好吧，当然它在现实中不会发生。但如果真的发生了，那么大自然一定在密谋反对抽象表现主义。从经验得出的结论在现实中永远不可能发生，这种理念很有意思。如果飞溅的颜料真的形成一幅完美的肖像，那么就不会违背自然法则，但它明显违背经验。牛顿的运动定律给出了答案，它描述了杂乱无章的颜料颗粒都飞向画布，并以一个完美的有组织的姿态击在画布上。

　　相同的情况也发生在打破玻璃杯的例子中。如果我们把玻璃杯掉到地板上，它将碎成许多玻璃碎片。如果我们将时间逆转，从后向前放映打碎玻璃杯的影片，那么我们将看到那些零散的碎片重新组成一个玻璃杯。这两种场景都符合牛顿的运动定律，但我们只看到过第一种情况——玻璃杯碎成碎片——而从来没见过第二种情况。另一个熟悉的例子是孩子们的卧室情况。如果放任他们不管，卧室往往会变得越来越乱，越来越不整洁。他们似乎从来不会自发地整理干净。

在所有的这些例子中——飞溅的颜料、坠落的玻璃杯、凌乱的房间——我们看到了热力学第二定律在起作用。这不是一个真正的像万有引力定律那样意义的"定律"。它告诉我们,在没有外部干预的情况下,事情会变得更加无序——"熵"的增加。这是一个概率的反映。随着时间的推移,使事情变得无序的方法,比使它变得有序的方法多得多,我们往往更多地观察到无序的增加,除非有什么事情(或什么人)来干预以减少无序的产生。

在飞溅的颜料例子中,只有当每一个颜料粒子都以非常精准的速度和方向射出,并按要求精确地打在画布上时,才能产生一幅精美的肖像画。这在实际生活中几乎是不可能的事情。在玻璃杯的例子中,玻璃杯坠落并破成碎片所需要的起始条件太容易由意外造成了,而时间回溯的场景中,碎片同时汇聚形成一个完美的玻璃杯,这需要天文数字般不可能的特殊起始动作。第三个场景中,孩子们的卧室变得越来越不整洁(如果没有人来做清洁),仅仅因为使卧室变得不整洁的方式比使其变得整洁的方式多得多。

因此,我们将永远也不会看到漫画家想象的画面,即使我们等上十亿年。从无序中创建有序需要配合人为的工作,将颜料涂到被选择的位置上。幸运的是,有非常多不同的方法可以做到这一点,即使它的数量与无序的数量相比相形见绌。

在一个晴朗
的日子里

　　"……你能永远看到，"摘自勒纳（Alan Lerner）的百老汇音乐剧。但你能吗？最近，我看到了在长滩艺术博物馆展出的奥佩（Catherine Opie）题为《十二英里到地平线》(*Twelve Miles to the Horizon*) 的 20 幅照片。这些照片是完成一项任务的结果——拍摄从韩国釜山港到加州长滩的 12 天海上航行的日出和日落。选择这个展览标题是为了唤起人们对孤独和分离的概念，但也有一些计量学上的真相在里面吧？地平线到底有多远呢？

　　让我们假设地球是球形的并且是光滑的①。在海上没有干扰我们视线的山丘，而且我们忽略光线通过大气层的折射，以及任何雨和雾的影响。如果你的眼睛在高于地平线 H 的高度，望向地平线，那么到地平线的距离 D，就是三角形的一条边，这个三角形的其他两边分别为 R（地球的半径）和 $R+H$，如下图所示。

　　在这个三角形上运用毕达哥拉斯定理，我们有

$$(H+R)^2 = R^2 + D^2 \text{。} \qquad (\ast)$$

---

① 地球不是完全的球形。它的极半径为 $b=6356.7523$ 千米，它的赤道半径为 $a=6378.1370$ 千米，把它比为球体，这意味着它的平均半径为 $(2a+b)/3 = 6371.009$ 千米，或 3958.761 英里：莫里茨（H. Moritz），《大地测量学杂志》(*Journal of Geodesy*)，74，128（2000）。——原注

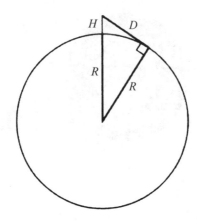

因为地球的平均半径大约为 6400 千米,比你的高度 H 高得多,在计算 $(H+R)^2$ 时,跟 R^2 相比我们可以忽略 H^2,$(H+R)^2 = H^2 + R^2 + 2HR \approx R^2 + 2HR$。使用上述方程式(＊),这意味着到地平线的距离正好是 $D = \sqrt{2HR}$,一个很好的近似。如果将地球半径代入公式,我们可以得到(用米来测量 H):

$$D = 1600 \times \sqrt{5H} \text{米} \approx \sqrt{5H} \text{英里}。$$

对于身高为 1.8 米的人,我们有 $\sqrt{5H} = 3$,人到地平线的距离 $D = 4800$ 米,或以很好的精确度,大约 3 英里。请注意,你能看到的距离与你站的高度的平方根成正比,所以如果你站到一座高 180 米的山顶上眺望,你将能够看到远 10 倍的距离。从世界最高建筑的顶端,迪拜的哈利法塔,你可以看到 102 千米,或 64 英里远。从珠穆朗玛峰的顶峰,你可以看到 336 千米,或 210 英里——不是无穷远,而是够远了。与奥佩一样,如果你希望看到 12 英里远的地平线,你需要从一个海拔高度 144/5 = 28.8 米的地方眺望,这对中等大小的巡航船上的乘客来讲是可以实现的。

达利和第四维度

在纽约大都会艺术博物馆悬挂了一幅由达利（Salvador Dali）在 1954 年绘制的引人注目的十字架作品，名为《受难日》（*Corpus Hypercubus*）。它表现了基督被悬在十字架，这个十字架由八个相邻的立方体组成，一个立方体在中心，它的六个面连接六个立方体，垂直下方额外附加了一个。为了理解这幅画作和它的标题，你需要了解一些几何图形，这些几何图形是一百多年前由不寻常的数学老师和发明家辛顿（Charles Hinton）第一次展示的，他后来任教于切尔滕纳姆女子学院阿宾汉姆学校（他犯重婚罪后逃跑了）和普林斯顿大学（在这里他发明了自动棒球发球机），还曾在美国海军天文台和美国专利局任职。

像许多维多利亚时代的人一样，辛顿对"其他维度"非常着迷，而不是追求纯粹的精神议题。他以清晰的几何术语来思考这个问题，在二十多年里致力于这个主题的研究，发表多篇论文和文章①，他于 1904 年写了一本关于这个论题的书。他着迷于可视化第四维度。他认识到三维物体投下二维阴影，并且也可以切分出或投影到二维的表面上。在每种情况下，三维立方体和它的二维阴

---

① 《关于第四维的推测》（*Speculations on the Fourth Dimension*），拉克（R. Rucker）编辑，都福出版社，纽约（1980）。辛顿曾经早在 1880 年对这个问题也写了一本小册子。——原注

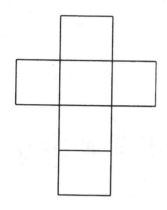

影或投影之间都有简单的联系。通过记录这些联系，我们可以展示一个投影的或展开的四维物体，我们能看到什么。以纸做的空心三维立方体为例，为了展开它，我们可以切开两个外角的连接点，将立方体的表面展平，得到它的二维正方形截面，如左图所示。

这个从三维到两维的投影有一个图案，三维立方体有 6 个两维的正方形，而这些正方形又由 12 条一维的直线连接 8 个零维的角点组成。

以此类推，辛顿构建了展开的四维超立方体(tesseract, 希腊文的"四线")的外观，他首先给它取了这个名字。它是由一个中央立方体被 6 个其他立方体围绕组成，一侧还有一个额外的立方体，而不是一个中央正方形四条边被 4 个其他正方形包围，一边还有一个额外的正方形。下图显示了如果将超立方体以三维展开，它看起来的样子。

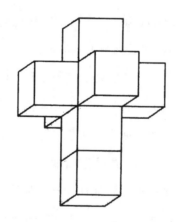

这个就是达利在探索捕捉超自然的形而上学中用于他的《受难日》的十字架。如果你仔细地看看这幅画，你会发现为了使图片产生效果，达利对几何体作了一些修改。身体不能靠着十字架放平，因为中央立方体向外凸出。手臂和手

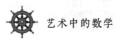

没有靠在立方体上。身体悬浮在巨大的棋盘背景上的超立方体前面。达利的妻子加拉(Gala)以抹大拉的玛丽亚的样子出现在前景的位置向上看。没有荆棘冠或长钉支撑手臂,只有 4 个小的三维立方体似乎飘浮在基督身前的正方形图案里。

音乐的声音

如果你去参加大型的流行音乐会,你就会知道音乐的声音并不只是直接从舞台上的音乐家和他们的扬声器系统中传达到你那儿。在会场更远的后面,还需要其他扬声器塔,那些没能早到的观众可以在离舞台超过 40 米的距离,得到与其他人类似的(而且非常响亮)的声音体验。古典音乐会、户外剧场和“公园里”的歌剧面临同样的问题,因为声音不会瞬间传播。从扩音塔输出的声音需要与舞台上乐队的现场直播的声音同步,否则将导致不和谐的声音。

这种同步要求音频工程师确保声音通过空气直接传播到前面观众的时间,与声音通过电线系统传播到后面的扬声器塔,然后这声音在一个相对较短的距离里通过空气传播到附近的观众所经历的时间相同。声音信号通过电子的传播速度比声波穿过空气的传播速度快得多(基本上瞬间到达)。如果这些到达时间没有很好地匹配,那么一个奇怪的回声效应会出现,同一个声音先从扬声器塔传出,然后又直接从舞台上传过来。

如果音乐演奏者在前面的舞台中心发出声音,那么在海平面高度,声音在空气中传播的速度为 $331.5 + 0.6T$ 米/秒,其中 T 是空气的温度(摄氏度)。夏季音乐会时,$T = 30℃$,声音的传播速度则为 349.5 米/秒,声音直接传播到坐在 40 米以外的观众处需要的时间为 $40/349.5 = 0.114$ 秒,或 114 毫秒。设置扬声器

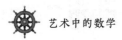

在这个时间段后发出相同声音的延迟版本,将有助于使这两个声源同时到达。然而,这并不理想。你不想感觉到你在听附近扬声器的声音,而不是来自舞台上表演的声音。因此,工程师们给扬声器塔增加了一个非常小的约 10 至 15 毫秒额外延迟传播,以达到听觉平衡——所以你的大脑首先寄存了从舞台上传来的直接声音,但这几乎立刻被从扬声器塔传来的间接声音强化了。全部延迟约124—129 毫秒,使你认为所有的声音都是直接从舞台上传来的。如果空气的温度从 20℃ 上升到 40℃,声音的速度将增加约 11.5 米/秒,但对于位于离舞台 40 米左右的听众,这改变声音的到达时间只有 3 毫秒,影响是很小的。

切尔诺夫的脸

数据统计可以骗人——有时是故意为之。需要对数据正确分析,找出政府和公司的经济主张是否正确,但也有必要将统计信息以明确的、准确的和令人信服的方式展现。在这样做时,对于某些模式类型或异常行为,我们可以利用眼睛非凡的灵敏度。正如我们已经讨论的,这种敏感性已经得到漫长的自然选择的锻炼,回报给我们一种特定类型的视觉敏感性。我们对面孔非常敏感,我们对遇到的人通过他们的脸做许多方面的评价,至少在最初阶段。如果由于事故或人变老,面部对称性减少或失去了,人们会花费相当金钱来提高和恢复它。我们看报纸时,我们会看到卡通画家和漫画家们有能力将人们的特点扭曲,使他们看起来完全不同,但还是立刻可以认出来。从原始的真实开始,他们增加了一些突出的特点,使它们变得非常显著,而不只是几乎平均的脸上的小小改动。

1973 年统计学家切尔诺夫(Herman Chernoff)提出使用脸部卡通对某些特征进行编码,这些特征不同于平均①。因此,两眼之间的间距可能代表成本,鼻子的大小显示工作时间的长度,眼睛大小代表雇用多少名工人等。这样切尔诺

---

① 切尔诺夫,《美国统计协会杂志》(*Journal of the American Statistical Association*),68,361(1973)。——原注

夫以略微不同的方式产生了与平均脸型稍有偏离的脸部阵列。其他的变量为脸部的大小和形状,以及嘴的位置。他最初提出了 18 个变量可以用于小的面部照片的编码,它们都是对称的。通过不对称性的引入,例如,眼睛大小的不同,信息的内容可能会增加一倍。

我们对不同的面部特征的敏感性各不相同,因此有可能根据我们对感受微小变化的需要来编码信息。切尔诺夫的画廊对围绕特定平均值的统计变化的正态分布给出了一个生动的效果。通过增加面部变量和变量维数,大脑最敏感的模式寻找程序可以同时运用到数据中。这推动大脑对它的变异性作出快速鉴定。

来自地铁的人

 有一次,我看到有两名游客在伦敦市中心的街道上,试图用地铁线路图找路。虽然这比使用"大富翁"好一点,但这并不是很有帮助。伦敦地铁的地图具有奇妙的功能性和艺术设计,它有一个显著的特点:它显示的站点不在准确的地理位置上。这是一个拓扑图,它精确地显示了站与站之间的连接,但为了审美和实际的原因扭曲了它们的实际位置。

 当贝克(Harry Beck)首次向伦敦地铁管理层介绍这种类型的地图时,他还是一个有电子学背景的年轻制图员。伦敦地铁是1906年建成的,但直到1920年代,它还没有成功地商业化运作,相当重要的原因是从伦敦外围到伦敦中心,特别是需要换线的话,要花费相当多的时间,并且线路复杂。地理位置精准的地铁地图看起来一团糟,因为伦敦内城的街道几百年来没有任何集中规划而杂乱无章地发展,也因为伦敦地铁系统的巨大扩展。伦敦不是纽约,甚至不是巴黎,纽约和巴黎有一个简单的总体道路规划,并在早年推迟使用地铁系统。

 贝克1931年的地图,虽然最初被地铁的宣传部门拒绝了,但它一气呵成解决了许多问题。不同于以往任何交通地图,这个地图使人联想到电子电路板;它只使用垂直、水平和45度线;最后绘制一个象征性的泰晤士河;引用了一种简洁的方式表示换乘站;伦敦外围地区的地理位置有些变形,使偏远的站点,像里克曼斯沃思站、现代站、阿克斯布里奇站、卡克福斯特站看似接近了市中心,而扩大了拥挤的内城区域。贝克在此后的40年中继续完善和扩展这个地图,容纳新线路和扩展旧线路,总是力求简单明了。

贝克设计的经典作品是第一个拓扑地图。这意味着它通过拉伸、扭转,以任何方式改变地图,而不打破站点与站点之间的连接。想象一下,你可以将其画在一张橡皮板上——可以用任何方式拉伸和扭转,而不切割或撕裂它。你可以在中央区域腾出空间,那里有很多的地铁线路和站点,并将遥远的站拉近市中心,使地图在其边界附近没有大量的空白区域。贝克能够控制站点和线路的位置,从而在地图上展现美观的平衡和均匀的信息分布。它展示了一种秩序从容和简洁明了的感觉。将远处的站点拉向市中心不仅使伦敦人觉得更加紧密;它也有助于设计精美平衡的地铁图,适合印在小的折叠纸片上,放进你的口袋里。

这款地铁地图通过重新定义人们如何看伦敦,使它在社会学以及制图学上产生了很大的影响。它在地图上画出了偏远的地方,让那里的居民感觉离伦敦市中心更近了。它也明确标出了房价轮廓。对于大多数住在城市的人来说,这很快就成了他们的意境地图。如果你在地面上,贝克地图不会给你帮助——如本篇开始时提到的游客肯定能遇到的——但它的拓扑方法是很有意义的。当你在地铁里的时候,你不需要像你在步行或乘公共汽车旅行时那样知道你在哪里。关键是下一站,你要在哪站上车或下车,以及你如何可以换乘到其他线路。

默比乌斯和
默比乌斯带

　　取一长条长方形的纸带,把两端粘在一起,做成一个圆柱体。在小学时我们做了几十次。做成的圆柱体有一个内侧和一个外侧。但是,如果你重复实验,在将纸带的两端粘在一起前,扭转一次,你会创造出一种奇怪而不同的东西。所得到的纸带,类似于一个 8 字和无限大符号之间的交叉图形,有一个惊人的性质:它没有内侧和外侧,它只有一个面(如果你扭转任意奇数次也会发生同样的情况,而偶数次则不会)。如果你用一支蜡笔在一面着色,一直向前移动,而且蜡笔不离开表面,你最终会对它整个着色。在工厂中安装一个移动货物的传送带,扭转传送带,将其转换成只有一个面,它的寿命将会延长一倍。

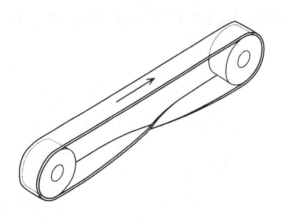

第一个注意到这个表面事物奇怪状态的人——现在数学家称之为"不可定向的"表面——是德国数学家和天文学家默比乌斯（August Möbius）。他于1858年发现的"默比乌斯带"的描述在那年9月他去世后才在他的论文中被发现。后来人们才发现同年的7月另一位德国数学家利斯廷（Johann Listing）也独立发现了默比乌斯带①，但一直被冠以默比乌斯的名字了。

通常，默比乌斯带的外观与荷兰画家埃舍尔（Maurits Escher）画廊的《不可能的三角形》和《瀑布》②并列，会使观众认为它也只是一个想象中的物品。但默比乌斯带没什么不可能的。这只是出乎意料。

埃舍尔不是利用默比乌斯带性质的唯一著名的艺术家。在1930年代，瑞士雕塑家比尔（Max Bill）确信拓扑学在数学的新发展将为艺术家开辟一个未知的世界，他开始用金属和花岗岩，以使用默比乌斯带为范例，创作一系列无尽的丝带雕塑。埃舍尔将它用在纸上，比尔则发展到立体的三维版本。用不锈钢和青铜的雕塑表现，是由美国高能物理学家和雕塑家威尔逊（Robert Wilson）和英国雕塑家鲁滨孙（John Robinson）在1970年代完成的，其作品《不朽》（Immortality）用高度抛光的青铜做成的默比乌斯带做了一个闪闪发光的三叶结（我们在51章讨论过的几何形状）。许多其他的艺术家和设计师在建筑中使用它创造了令人激动的建筑和刺激的儿童游乐区③。默比乌斯带强有力地把握住了我们的想象力。对于任何第一次面对它的人，这都是一个不竭的魅力源泉。

设计世界里默比乌斯带的一种用处是如此的熟悉，以至于我们都不再注意到它的存在。1970年，安德森（Gary Anderson）当时是南加州大学的一名学生，

---

① 布赖滕伯格（E. Breitenberger）和利斯廷，见詹姆士（I. M. James）编辑的《拓扑学历史》（History of Topology），pp. 909—924，北荷兰出版社，阿姆斯特丹（1999）。——原注

② 埃舍尔，《埃舍尔的绘画作品》（The Graphic Work of M. C. Escher），布拉格姆（Brigham）翻译，修订版，巴兰坦出版社，伦敦（1972）。——原注

③ 图拉西达斯（J. Thulaseedas）和克拉夫奇克（R. J. Krawczyk），《建筑中的默比乌斯概念》（Möbius Concepts in Architecture）。——原注

获得了美国集装箱公司的学生广告设计比赛的大奖。美国集装箱公司在工业和企业平面设计领域是一个领先企业,它想要一个象征着循环的标志,为了在它的客户和其他公司中鼓励环保,促进包装回收。安德森用一个压扁的默比乌斯带设计了现在著名的回收标志,赢得 2500 美元的奖金。正如集装箱公司预期的,这个符号没有注册商标,在公共领域仍然可自由使用。安德森在平面设计、建筑与城市规划领域继续着他的非常辉煌的职业生涯。他的默比乌斯带的代表作几乎到处可见。

钟声，钟声

　　敲钟自 12 世纪起就已在英国乡村教会中实行，但大约在 1600 年，一种新型有序的，或"变化"的钟声，开始响彻整个东安格利亚——高钟楼小教堂的起源地。这种变化是出于渴望创造一个更易控制的声音序列，从各个钟楼出来的声音都能够在更远的地方听到，但到 19 世纪，它本身已经发展成为一个具有挑战性的艺术形式了。钟声服务于社区，告诉大家时间，宣布重大的社会或宗教活动，或发出警告。由于教堂大钟的巨大质量和惯性，一旦它们摆动起来就不可控制，这意味着它们不能用于产生复杂的旋律。因此，它们以复杂的序列被敲响，产生一个令人愉快的上升和下降的音调。

　　敲钟，或"鸣钟术"，历来被描述为一种"训练"，来反映执行它所要求的身心健康的特殊结合。钟声由敲钟人按一组序列敲响，这些敲钟人必须在没有任何乐谱的情况下完成一系列的变化，一切都必须靠记忆。比如，如果有 4 口大钟要被接连敲响，用 1 表示音调最高的，体积最小的钟（"最高音钟"），一直到最大的钟，音调最低的钟（"最低音钟"）。最初，它们是以降调按 1234 的顺序依次被敲响。这个简单的序列被称为一个"回合"。最初一连串敲钟的每口钟受以下规则支配：一个连串中每一口钟都被敲响一次且只有一次；下一连串敲钟时 4 口钟中只有一个可以移动一个位置（所以我们可以有序列 1234→2134，而不可以

1234→2143），每一连串不可重复（除了第一个和最后一个序列 1234）。当连串序列回到原来的 1234 回合时，钟声结束。因此，对于 4 口钟有 $4 \times 3 \times 2 \times 1 = 24$ 个不同序列可敲响，如果有 N 口钟的话，那就有 $N!$ 个可能性①。对于给定钟的数目，这个可能性的集合被称为给定钟数的一个"度"，它随着 N 的增加迅速增长，如果有 8 口钟，我们将面临 40 320 个钟声的变化。记住，敲钟人必须记住这些序列。不允许有乐谱，虽然有人指挥引导敲钟，但指挥也是敲钟人。通常情况下，钟声每响一次大约需 2 秒，所以 24 度需要 48 秒来完成，但 6 口钟的 720 度则需要 24 分钟。一个敲钟人实际可能的最长敲钟度是 8 口钟。它可能需要超过 22 小时，但在 18 小时内完成了！较长的度在一段时间后每口钟需要有一个

4口钟		
1234	2314	3124
1243	2341	3142
1423	2431	3412
4123	4231	4312
4213	4321	4132
2413	3421	1432
2143	3241	1342
2134	3214	1324
		(1234)

替换。在左图中，我们展示的序列被称为"Plain Bob"（普通的鲍勃），4 口钟的完整一遍的 24 个排列。所有的序列都有同样古雅的英文名称，如"Reverse Canterbury Pleasure Place Double"，"Grandsire Triples"和"Cambridge Surprise Major"。

这听起来跟数学很有关系——确实如此。对于服从我们前面提到的规则的可能钟声排列确实是第一次对排列群进行的系统研究，是在 17 世纪由斯特德曼②进行的，比它们在 1770 年代成为数学的正式组成部分早得多。4 口钟的排列可以通过对正方形的角编号后旋转，一目了然地展现出来（字母"R"用在这里只是为了更清晰地显示不同的方向）。

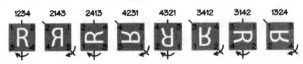

---

① N 的阶乘，或 $N!$，等于 $N \times (N-1) \times (N-2) \times \cdots \times 2 \times 1$，所以 $3! = 6$。——原注

② 怀特（A. T. White），《美国数学月刊》（*American Mathematical Monthly*），103，771（1996）。——原注

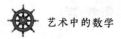

对于更多数量的钟,我们用边数与钟的数量相同的多边形替换正方形,并在其不同方向上进行所有可能的操作。

从众行为

鸟类、鱼类和哺乳动物,像羚羊和水牛,聚在一起组成"群",我们称之为羊群、牛群等。它们的自我组织行为经常是惊人的准确。当一天结束,一大群鸟在空中飞过时,我们会不禁追问,它们如何将自己组织起来,像一个巨大的协调良好的身体在移动。有时这种移动遵循着简单的防御规则。如果你在一个可能受到食肉类鲨鱼攻击的鱼群中,那么远离外围是一个好主意。当鱼群成员都尽量避免在脆弱的外围边缘时,这会产生一个连续的漩涡。相反地,一些飞行的昆虫想要飞在群的外围,以便第一个吸引异性的注意。有些鸟和鱼待在它们最接近的邻居附近;它们躲开那些离得太近的伙伴,但如果它们离群太远,却又被吸引回群体附近。而另一些鸟或鱼则只关注它们最接近的七八个邻居,并使自己运动的速度和方向与它们保持一致。

所有这些策略都会形成大规模的有序群体,以及我们在自然界中看到的鸟类和鱼类的令人印象深刻的模式。对于人类的相互影响,有其他更复杂的策略可以想象。例如,有人可能会在一个大型的鸡尾酒会上走动,目的是接近某个人,也可以尽可能地远离别人。如果在同一个酒会上很多人都这样做,那么结果就不容易预测了!

数学上有一个很有意思的策略是,当食肉动物,比如一头狮子出现在一群脆弱的角马或羚羊的视野中时,角马或羚羊所采用的策略。每一个动物都会移动以确保至少有其他一只动物在自己和捕食者之间。当捕食者是固定不动时,会导致动物群形成一种特别的图案,数学家称之为"沃罗诺伊分布"。要构造一个点的集合,只要在所有的两点之间画直线,然后在这直线上作垂直平分线。延长这些新的平分线,直到遇到另一条垂直平分线为止。其结果就是一个沃罗诺伊多边形网络①。每个多边形中心有一个点,对每个点来说,这个多边形内的点到它的距离都比到其他点的距离要短。

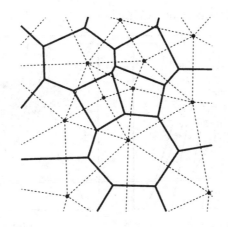

这个多边形为以自己为中心的动物定义了一个危险区域。如果这个动物的危险区域被一个捕食者侵入,它就最有可能会成为潜在猎物。每只动物都想让它的危险多边形区域尽可能小,并尽量远离捕食者。这种集体行为被称为"自私群体行为",因为每个成员都为自身利益而采取行为。捕食者如狮子移动迅速,使得在实际情况中,变化中的沃罗诺伊多边形很难确定,尽管计算机程序可以很容易地作出预测。你需要一个缓慢移动的捕食猎物的场景。

---

① 哈密尔顿(W. D. Hamilton),《神学的生物学杂志》(*Journal of Theological Biology*),31,295 (1971)。——原注

通过拍摄动态的感受到威胁的一大群招潮蟹的活动①,人们已经完成了有趣的研究。蟹群的运动足够慢而且在数量上足够小,对于细致研究它们在受到捕食者威胁前后的运动是实际可行的。它们似乎非常遵循"自私群体行为",当威胁第一次出现时,形成一种围绕着每一个成员的大型沃罗诺伊多边形的模式。接下来,它们进入恐慌模式,它们变得彼此更加靠近,形成一个较小的沃罗诺伊多边形的模式,每只蟹都试图让别的蟹位于捕食者和自己之间。受到威胁的蟹不一定匆忙逃走,远离捕食者。它们倾向于朝着它们的群体(或"造型")中心移动,以便使其他蟹介于捕食者和自己之间。

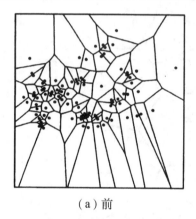
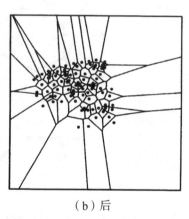

(a)前　　　　　　　　　　(b)后

有时,这实际意味着向着捕食者移动。记住,一个个体的风险水平与定义危险区域的沃罗诺伊多边形的面积成比例。这些区域都变得越来越小,当蟹恐慌并聚在一起,每只蟹都觉得更安全了。进化生物学家告诉我们,那些不太愿意遵循这种行为的蟹更容易被捕食的海鸟叼走,而那些本能反应最快的蟹将最有可能生存下来,繁殖具有这种特性的后代。

---

① 维希多(S. V. Viscido)和韦西(D. S. Wethey),《动物习性》(*Animal Behaviour*),63,735(2002)。——原注

手指计数

不难看出人体解剖学对我们的计数系统的影响。我们的 10 个手指和 10 个脚趾形成了许多古代文化中的计数系统的基础——所谓的"十进制"系统。手指给人类提供了对物品数量记录的第一批数字,并把它们分成 5、10 和 20(通过加上脚趾)。偶尔,我们看到有趣的变异。例如,有一个古老的中美洲印第安人文化,使用以 8 为基数,而不是 10。我偶尔会问听众为什么会选择以 8 为基数呢。只有一个人,一个 8 岁的女孩参加了皇家艺术学会的圣诞讲座,给出了正确的答案:他们数手指之间的缝隙,因为这里是他们夹住东西的地方。或许她习惯玩儿童场地游戏,比如"猫的摇篮"。

无处不在的手指计数使之成为十进制系统的先导,早期印度文化将位值记数法留给我们,印度文化在 10 世纪由地中海阿拉伯贸易传入欧洲。在这种类型的计数系统中,数字的相对位置携带信息,因此,111 意味着 100 + 10 + 1,而不是 3(1 + 1 + 1),就像在罗马数字或古埃及或在中国计数法中一样。这种位值计数法也需要发明一个零的符号,以便记录一个空位,并通过明确地将其写为 101 来避免混淆 1 1 与 11。今天,这种位值计数系统的计数是完全通用的,它的共同使用超越了任何单一的书面语言或字母。

尽管手指计数无处不在,但在今天用手来表现它的手法在不同文化之间也略有不同。这里有一个发生在第二次世界大战期间印度的故事①。一个年轻的印度女孩发现自己不得不把她的一个东方朋友介绍给突然造访她家的英国军人。她的朋友是日本人,如果来访者知道这个情况,她的朋友会被英国军队逮捕。她决定隐瞒其国籍,把她说成中国人。英国军人显然很怀疑,过了一会他突然要那东方女孩用手指数到5。印度女孩以为他疯了,但那个东方女孩,虽然很迷惑,还是用手指数出了1,2,3,4,5。啊哈! 这个英国军人说——我看你是日本人。你没看见吗,她开始数时手掌张开,然后随着她数到5,她的手指一根接一根收起? 没有中国人会这样做。中国人数数时像英国人,开始时手指卷曲成一个拳头,然后一根接一根地展开手指,最开始用拇指②,直到手掌摊平。这个英国军人告发了他的印度朋友,说她企图欺骗。

① 这个故事在丹齐格(T. Dantzig)的《数,科学的语言》(*Number, the Language of Science*,麦克米伦出版公司,纽约,1937)一书中有描述。在我的一本书《天空中的圆周率》(*Pi in the Sky*,牛津大学出版社,牛津,1992)的第 26 页也有说到;这本书里包含了对于计数的起源的广泛讨论,特别是手指计数。在巴特沃思(B. Butterworth)的《数学脑》(*The Mathematical Brain*)中也有论述,麦克米伦出版公司,纽约(1999),pp. 221—222。——原注

② 在世界其他地方,可以用另外的手指来开始手指计数。——原注

另一个牛顿对无穷大的赞美诗

无穷大是一个危险的话题,数学家们都特别谨慎地对待它,甚至鄙视它,直到 19 世纪晚期。如果你尝试排列无限数列,比如 1,2,3,4,…,会立即出现悖论,因为如果你形成另一列所有偶数的无限数列 2,4,6,8,…,你会觉得偶数数列中的数肯定只有自然数数列中的数的一半。然而,如果你将这两列数列的每一个数一一对应画一条线,从 1 对应 2,2 对应 4,3 对应 6,4 对应 8,以此类推。两列中的每一个数都唯一地互相对应。这种方式无限地进行下去,显示出两个数列有完全相同数量的数。这两个的无限集合是相等的。你也可以用同样的办法对奇数进行排列,那么两个无穷大的和(奇数和偶数的无限数列)与单单一个无穷大(所有数字的无限数列)相等,这是不是很奇怪?

德国数学家康托尔(Georg Cantor)是第一个澄清这种情况的人。那种能够与自然数 1,2,3,4,…一一对应的无限集合,被称为"可数"无穷大,因为这种对应意味着我们可以系统地对它们计数。1873 年康托尔继续表明,有比可数无穷大更大的无穷大,这种无穷大不可能创建出这样的对应;它们不能系统地计数。这种不可数的无穷大的一个例子就是所有永无止境的小数,或无理数的集合。康托尔后来显示,我们可以创建一个永无止境的无穷大的阶梯,阶梯中每一个无穷大都比它前一阶的一个大,在这种意义上它的成员不能与前一阶无穷大的成员一一对应。

伟大的物理学家,如伽利略(Galileo),发现了奇怪的无穷大集合的计数悖论,并决定应该避免与它们有任何关系。1693 年 1 月牛顿(Isaac Newton)在一封给本特利(Richard Bentley)的信里,试图解释在一个无穷大空间里相反的重力之间平衡建立的问题,但他太纠结了,因为他认为如果将一个有限量添加到一个无穷大中,那么原来相等的两个无穷大会变得不一样①。正如我们所看见的,如果 N 是一个可数无穷大,那么它将遵循超限算术运算规则,这与用于有限量计算的普通算术截然不同。$N+N=N, 2N=N, N-N=N, N \times N=N$ 并且 $N+f=N$,其中 f 是有限量。

我发现这总是很有趣,虽然牛顿面对无穷大时迷失了方向,而在 18 世纪与牛顿同姓的,从贩卖奴隶生意中皈依来作赞美诗的作者约翰·牛顿(John Newton)第一次就做对了。这个牛顿是著名的赞美诗《奇异恩典》(Amazing Grace)的作者,这首诗在 20 世纪期间对商业和宗教产生了多次影响,部分归功于 1835 年由一个不知名作曲家谱写的惊人的"新英国"曲的第一次出现,1847 年第一次在其中加入了约翰·牛顿的词句。

约翰·牛顿在写《奇异恩典》的原句,是为他的白金汉郡奥尔尼小镇教区写的诗②。他们在那个年代高呼这些诗句,而不是唱诵。它第一次出现是在 1779 年 2 月由约翰·牛顿和考珀(William Cowper)③的奥尔尼赞美诗集里,约翰·牛顿写了六节。第一节开始于"奇异恩典,如此甘甜,我罪竟得赦免;我曾迷途,而

① 在科恩(I. B. Cohen)的《艾萨克·牛顿的关于自然哲学的论文和信件》,牛顿给本特利(1756)的第二封信中(Isaac Newton's Paper & Letters on Natural Philosophy, p. 295,哈佛大学出版社,剑桥,马萨诸塞,1958)。——原注
② 根据大卫在《旧约·历代志》第 17 章中的祈祷。奥尔尼赞美诗对《旧约》和《新约》的赞美,而《奇异恩典》是为《旧约·历代志》而作。——原注
③ 《牛顿和威廉·考珀的奥尼尔赞美诗》(Olney Hymns of Newton and William Cowper)(1779)。《奇异恩典》是第 41 首。——原注

今知返,惶恐而今得见。"但他最初的六节今天已经不再唱诵了①。相反,它已经被另一个取代了:"人生在世,已逾万年;光芒何等耀眼! 齐聚吟颂,神之恩典;从今万事流传!"

这些语句中抓住数学家眼球的是对于无穷大,或永恒的描述,这是完全正确的。从中取出任何有限的数量(在这种情况下是"一万年"),它一点不减小,仍然是无穷大。

唉,约翰·牛顿没有写这一节。你可以知道它是后来被引入的,因为其他诗句都是第一人称"我",但是突然切换到"我们",而且出现一个"那里"并不指向任何我们去过的地方。赞美诗之间节段的改动并非不同寻常。这个特殊的"游荡的节段",其作者未知②,至少在 1790 年以来就已经存在了,但第一次出现在吟唱赞美诗中,是 1852 年斯托(Harriet Beecher Stowe)在伟大的反奴隶制小说《汤姆叔叔的小屋》(Uncle Tom's Cabin)③中绝望的汤姆唱出来的。无论这个未知的作者是谁,他(或她)抓住了无穷的一个意义深远的定义特征,18 世纪伟大的数学家错过了这个特征,因为他们没有信心思考实际的无穷大的性质。

可怜的康托尔,清晰地看到了正确的道路,但在他的职业生涯中他几乎长期被排挤出数学研究领域,因为有影响力的数学家们认为他在无穷大方面的成果是对数学的颠覆④。

---

① 大地即将,如雪消融;太阳亦会,黯淡陨没。唯有上帝,与我永在,召唤游子,回归天国。——原注
② 发现于《圣唱歌谣集锦》(A Collection of Sacred Ballads),理查德(Richard)和布罗德斯(Andrew Broaddus)收集,1790 年出版。是其中匿名赞美诗"耶路撒冷,我的幸福家园"中的最后一节(超过 50 句)。——原注
③ 斯托,《汤姆叔叔的小屋》,p. 417,第 38 章,费诺出版社,纽约(1899)。——原注
④ 巴罗,《空中的 PI》,牛津大学出版社,牛津(1992)。——原注

狄更斯不是平均的男人，南丁格尔不是平均的女人

很少有人知道伟大的小说家狄更斯（Charles Dickens）与数学有着不稳定的关系。事实上，他领导了一场伟大的宣传运动，反对数学的一部分。狄更斯生活在一个统计是新兴学科的时代，那时统计对维多利亚时代的社会和政治生活有重要的影响。像比利时的凯特尔（Adolphe Quetelet）那样的先锋，创建了第一个关于犯罪与人类行为的定量社会科学——"社会物理学"，凯特尔这样叫它，而他的信徒，如南丁格尔（Florence Nightingale，她于 1858 年被选为英国皇家统计学会的会员）用统计学来改进医院的卫生管理和病人护理，并制定清晰的新方式来呈现数据。在苏格兰，普莱费尔（William Playfair）通过创建许多图表和线条图，彻底改变了经济和政治，现在这些图表和线条图已经是展示信息，以及搜索不同的社会和经济趋势之间相关性的标准工具了。

狄更斯在与许多其他重要的政治改革者共事时，对统计这个新学科带有深深的怀疑。事实上，他把它看作是一个巨大的邪恶。这对现代人来说听上去很奇怪。他为什么会这样想呢？狄更斯反对在平均的基础上决定社会健康的措施，或者把不幸的个体的命运降级，因为他们在社会中是一个很小的少数群体，他们的健康被大数的统计所掩盖。凯特尔关于"普通人"的著名概念是一个最受欢迎的"眼中钉"（法语黑色的野兽），因为政府能够用它说人们现在已经好多了("平均来讲"),即使穷人比以前更穷,而且他们的工作场所越来越危险。低收入的工作可以被削减,因为平均生产率需要更高。个体的情况在统计分布的钟形曲线的尾部被遗失了。狄更斯认为,政客们利用统计数据来阻止社会立法的进步:他们认为个人的痛苦和犯罪行为是由统计学确定的,是不可避免的。

狄更斯的几部长篇小说,有着对统计数字的深刻敌意,但其中有一个很特别,1854 年出版的《艰难时世》(*Hard Times*),在那时候是风行一时的。它讲述了葛擂梗(Thomas Gradgrind)的故事,一个只想要事实和数字的人,他准备"随时准确地计算出人性任何部分的分量和数量,确定它在交易中的作用和价值"。即使是他在学校里教的学生数量锐减。在第 9 章里,他女儿的朋友,朱浦(Sissy Jupe),在课堂上总是答错葛擂梗的问题而感到很绝望,当被问及 100 万人口的城市每年有 25 人饿死在街头的死亡人数比例时,她回答说,如果其他是 100 万人或 1 万亿人,他们仍然很艰难——"这也是错的",葛擂梗先生说。在他办公室的墙上挂着一个"致命的统计钟"。故事告诉我们这种态度如何导致他生活中的绝望,他的女儿路易莎(Louisa),被迫与她不喜欢的,她父亲的"婚姻统计"决定的人结婚。他一意孤行的最终结果是使所有人痛苦。

狄更斯是一个绝妙的例子,他是一位杰出的小说家,数学的新兴部分使他充满活力,而这部分他认为被滥用了。如果他活到现在的话,他很可能会从事与统计排行榜相关的工作。

马尔可夫
的文学链

　　概率的研究始于最简单的情况,比如掷一枚骰子,如果骰子是均匀的,那么出现每个结果的可能都是等同的(概率1/6)。如果再第二次掷骰子,那么这是一个独立事件,连续掷出两次6的概率是每次掷出6的概率的乘积,即 $1/6 \times 1/6 = 1/36$。然而,并非所有我们遇到的连续事件都像这样是独立的。今天的气温通常与昨天的温度相互关联,今天的股市价格也与它过去的价格有联系,尽管这个联系会有一个概率因素。假设我们将天气简化成只有三种状况:热(H)、中(M)和冷(C),那么在两个连续的日子里有9种可能的温度状态,它们是 HH、HM、HC、MH、MM、MC、CH、CM 或 CC。每一组从过去的经验中得到一个概率,例如 HH 的概率,即炎热的一天过去后又是一个炎热的一天的概率是 0.6。这样,用这9个概率可以组成一个 3×3 的矩阵 Q:

HH	HM	HC
MH	MM	MC
CH	CM	CC

　　如果我们把9种不同的温度用数代替,我们可以这样计算,比如说,在两天里,根据今天天气是热或是冷,用矩阵 Q 乘 Q 得到 Q^2,从而得出明天的天气是冷或者热的概率。若要预测3天里温度的概率,只要在已知今天的情况,再乘以

Q 得到 Q^3。渐渐地,多次乘以矩阵 Q 之后,最初状态的记忆趋于失去,转移概率会过渡到一个稳定的状态,矩阵的每一行都会是相等的。

从 18 世纪传统的连续独立事件——如抛掷硬币或骰子——的概率论,到比独立事件更有趣得多的相依事件的扩展,是由圣彼得堡的数学家马尔可夫(Andrei Markov)在 1906 年到 1913 年之间创建的。今天他的关于关联随机事件链的基本理论是科学中的一个核心工具,而且在像谷歌这样的互联网搜索引擎中扮演着重要的角色。它们的状态矩阵是数十亿的网站地址,而转移则是这些网站地址之间的连接。马尔科夫概率链有助于确定读者的任何搜索能够到达某个特定网页的概率以及要花费多久时间。

马尔可夫在第一次发展了这个一般理论以后,他将其以一种富有想象力的方式应用在文学上。他想知道他是否能通过对一个作家习惯性地使用字母序列的统计性质来刻画这个作家的写作风格。今天我们都熟悉用这种方法验证声称新发现的手稿是否是莎士比亚或其他著名作家的。但马尔可夫是第一个有应用其新的数学方法想法的人。

马尔可夫查看了从普希金(Pushkin)的一首散文诗抽出的 20 000 个(俄文)字母,其中包含这首诗完整的第一章和第二章的一部分,以其特有的押韵模式作成①。正如我们上面例子中将天气简化到只有三个状态一样,马尔可夫通过忽略所有标点符号和断词简化普希金的文本,而根据字母是元音(V)或是辅音(C)来考察连续字母的相关性。他辛苦地徒手计算(那时没有电脑!),总共有8638 个元音和 11 362 个辅音。接下来,他感兴趣的是连续字母之间的转换:研究元音和辅音相邻模式 VV,VC,CV 或 CC 的频率。他发现 1104 个 VV 的例子,

---

① 马尔可夫,"《叶甫盖尼·奥涅金》文本关于链中采样关联的一个统计研究范例"(首次于1913 年在俄罗斯出版)。英文翻译:尼图索夫(A. Y. Nitussov),沃罗帕(L. Voropai),卡斯坦斯(G. Custance)和林克(D. Link)。见《语境科学》(*Science in Context*),1(4),591(2006)。——原注

7534 个 VC 和 CV 的例子,以及 3827 个 CC 的例子。这些数字很有意思,因为如果元音和辅音根据它们的总数目随机出现的话,我们应该得到 3033 个 VV,4755 个 VC 和 CV,以及 7457 个 CC。毫不奇怪,普希金并不是随意写的。VV 或 CC 的概率与 VC 非常不同,这反映了这样一个事实:语言首要的是用于口语的而不是书面,相邻的元音和辅音使得发音清晰[①]。但马尔可夫可以量化普希金作品非随机的程度,而且将其元辅音的使用跟其他作家的相比较。如果普希金的文本是随机的话,那么任何字母是元音的概率是 $8638/20\,000 = 0.43$,是辅音的概率是 $11\,362/20\,000 = 0.57$。如果连续字母随机放置,那么序列 VV 出现的概率为 $0.43 \times 0.43 = 0.185$,则 19 999 对字母应该包含 $19\,999 \times 0.185 = 3700$ 个 VV。普希金的文本里只有 1104 个。随机出现 CC 的概率为 $0.57 \times 0.57 = 0.325$,而 VC 和 CV 的概率为 $2 \times (0.43 \times 0.57) = 0.490$。

后来,马尔可夫以同样的方法分析其他作品。不幸的是,他的工作似乎只有在 1950 年代中期兴起对语言统计的兴趣时才被欣赏,但即使是这样,他的开创性论文的英语译本到 2006 年才被出版[②]。你可以自己尝试把他的方法用在其他作品上。当然除了元音和辅音的模式还有许多其他的指标可以选择,比如测量句子或单词的长度,电脑可以使更复杂的指标简单地计值。

① 林克,《科学史》(*History of Science*),44,321(2006)。——原注
② 海斯(Brian Hayes)对《叶甫盖尼·奥涅金》(*Eugene Onegin*)英文译本的再分析,显示了俄语和英语中元音和辅音不同的平衡,发表于《美国科学家》(*American Scientist*),101,92 (2013)。——原注

从自由意志到
俄罗斯选举

　　我们已经看到狄更斯参与到一场反对数理统计的宣传战中,他认为其对社会改革产生了负面影响。在俄罗斯,一个类似的统计和人文之间的冲突发生在20世纪的第一个10年,俄罗斯一些与东正教会有强大联系的数学家试图表明,统计数据可以用来体现自由意志的存在性。这场运动的领袖是涅克拉索夫(Pavel Nekrasov),国立莫斯科大学数学系的一员,当时这所大学是俄罗斯神学正统的堡垒①。

　　最初,他受训为祭司,但后来非常成功地转到了数学,并继续作出了某些重要发现。

　　涅克拉索夫认为他能够对关于自由意志与决定论的古老的争论作出重要贡献,通过把人类的自由行为表征为统计学上的独立事件,不由之前所做的事决定。数学家已经证明了中心极限定理,或所谓的"大数律",它表明如果大量统计学上的独立的事件加在一起,那么所产生的不同可能结果的频率模式将接近特定的钟形曲线,称为正态分布或高斯分布。随着事件的数目越大,这种类型的

---

① 塞内塔(E. Seneta),《国际统计评论》(*International Statistical Review*),64,255(1996)和71,319(2003)。——原注

曲线的收敛越来越接近。涅克拉索夫声称,社会科学家发现各种有关人类行为、犯罪、预期寿命和疾病健康的统计都遵循大数律。因此,他得出结论,这一定是从统计学上非常多的独立行为之和中获得的。这意味着人们可以自由地选择独立行为,所以人们必须有自由意志。

马尔可夫被涅克拉索夫的声明激怒了,认为他是滥用数学,使之声名狼藉。我们已经在上一章中看到,马尔可夫发明了相依概率的时间序列的数学。他住在圣彼得堡,是一个众所周知的守财奴,他似乎不喜欢莫斯科的学术界,认为其一般具有基督教和君主主义倾向,涅克拉索夫尤其是这样。马尔可夫通过他对随机过程链的研究来显示虽然统计独立性导致大数律,但反之则不然,从而回应了自由意志的"证据"。如果一个系统可以保持在任何一个有限数量的状态中,它的下一个状态,只取决于它的当前状态,并且下一个时间段里的可能变化的概率保持不变,那么随着时间的增加,状态将越来越趋向于由大数律预测的确定分布①。

因此,马尔可夫反驳涅克拉索夫的主要观点,虽然他必须发展新的数学来实现它。涅克拉索夫只是利用独立性和大数律关系的当前假设,这是概率论传承的精华部分。马尔可夫是第一个研究相依概率②的序列的人,所以能提供所需的反例用以反驳涅克拉索夫的错误推理。由社会科学家发现的社会行为遵循平衡分布的事实并不意味着它们出现在统计上是独立的事件,所以关于自由意志

---

① 这叫作遍历定理。要维持结果,我们必须在任何时间都只有有限的可能性;在下一个时间段里我们达到的状态只取决于当前状态(而不是以前的历史),并且每一步每一个可能改变的机会是由一组固定的转移概率事先规定的;考虑到足够的时间,你可以在任意两个允许的状态之间通过;而系统在时间上并不拥有一个循环周期。如果满足这些条件,那么马尔可夫过程收敛到一个独特的统计平衡,不管它的起始状态或过去时间改变的模式如何。——原注

② 谢伊宁(O. B. Sheynin),《精确科学的历史文档》(*Archive for History of Exact Sciences*),39,337(1989)。——原注

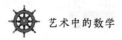

它们没有什么可以告诉我们的。

　　值得注意的是,2011 年 12 月俄罗斯杜马选举后这类纠纷最近在俄罗斯再次出现。俄罗斯发生了大规模的示威游行,声称有选举舞弊,因为不同选区选票的分布(不同的政党投票率)没有遵循大数律。街上拉着横幅(俄语!)"我们要正态分布"和"普京不同意高斯"。唉,人们的投票并不独立于他们的朋友,邻居和家庭,大数律不适用于跨选区的投票模式。相反地,有一种情况如马尔可夫观点所述,每个人的投票都受其他人的影响。不同选区的选票分布,因此可以很容易看起来像抗议海报上宣传为欺诈的平面图案。我们不期望结果的分布遵循高斯大数律,除非人们都用掷硬币的方式投票。然而,只是投票模式与马尔可夫的图片是一致的,并不意味着他们可能不被操纵,对于投票得分的争论持续了一段时间,声称有系统的不规则是基于其他更复杂的统计调查造成的。

与高级生命
的博弈

数学最吸引人的一件事,就是当你看到它应用到一个你不认为是数学的话题上。我最喜欢的数学富有想象力的应用的倡导者之一是纽约大学的布拉姆斯(Steven Brams)①。他的兴趣之一是将数学博弈论应用到政治、哲学、历史、文学和神学的问题中②。下面是一个哲学理论中关于上帝是否存在的问题的例子。

布拉姆斯认为在这个问题上,人类(H)和上帝(或"高级生命"SB)可能采取不同策略。根据一些犹太教和基督教传统的规则,他创建了一个非常简单的"博弈"启示,其中 H 和 SB 都有两种可能的策略:H 可以相信 SB 的存在或 H 可以不相信 SB 的存在。SB 可以暴露自己或不暴露自己。

对于 H,主要目的是通过可得到的证据使他确定相信或不相信;第二个目的是相信 SB 存在的偏好。但是对于 SB,主要目的是使 H 相信他的存在,并且他第二个目的是避免暴露自己。

我们现在在启示博弈中可以看到对于两个"玩家"的 4 种可能的组合,对于

---

① 布拉姆斯,《高级生命:如果他们存在,我们怎么知道?》(*Superior Beings*:*If they exist, how would we know?*),施普林格出版公司,纽约(1983)。——原注

② 布拉姆斯,《博弈论与人文科学:弥合这两个世界》(*Game Theory and the Humanities*:*Bridging the two worlds*),麻省理工学院出版社,剑桥,马萨诸塞州(2011)。——原注

每一位玩家的结果以1(最差的结果)到4(最好的结果)来排序。下面的表格显示了4种可能的结果组合,以(A,B)对来标记,其中第一项(A)给出SB策略的排序,而第二项(B)给出人类的策略排序。

	H 相信 SB 的存在	H 不相信 SB 的存在
SB 暴露他的存在	(3,4) 证据证实了 H 的信仰	(1,1) H 不相信,尽管有证据
SB 不暴露他的存在	(4,2) H 相信了,尽管没有确切的证据	(2,3) H 不相信,缺乏确切的证据

现在我们会问,是否在这个启示博弈中有人类和高级生命可采用的最优策略,而就某种意义而言,如果他们任何一方偏离最优策略,他们的情况将更为糟糕。我们看到,当 H 相信 SB 存在,那么 SB 最好不要暴露他的存在(括号中的第一项表值4>3),而当 H 不相信 SB 的存在时也是如此(因为2>1)。这意味着 SB 不会暴露自己。但 H 从这个表中也可以推断出这个结果,然后选择介于相信 SB(对于他排序2)和不相信 SB(对于他排序3)之间。所以,对于这些排序,H 应该选择更高的排序选项(3),不相信 SB 的存在。因此,如果每位玩家都知道对方的偏好,双方的最优策略是 SB 不要暴露自己而 H 不要相信他的存在。不过,尽管这对一个有神论者,听起来可能是有问题的,但这里有一个悖论:对于双方,有比(3,4)这项(SB 暴露了他的存在,而且 H 的信仰也得到了证实)更糟糕的结果。遗憾的是,也可能发生 SB 未能暴露自己,或者因为他的不存在,或者因为他选择成为秘密。这就是 H 面临的主要困难,因为博弈论无法告诉我们 SB 选择不暴露策略的原因。

无 所 不 知 的 缺 点

　　无所不知，无所不晓，听起来可能是一个有用的特质，尽管可能过段时间就会让你头痛。然而，令人惊讶的是，在某些情况下，这将是一个真正的妨碍，没有它你会更好。最简单的例子就是两位玩家在一场懦夫博弈中与对方竞争。这种对抗的特点是第一个"眨眼"的人就是输家。如果没有人眨眼，则同归于尽。两个核超级大国的冲突就是一个例子。另一个例子是两辆车的司机以最高速度向对方驶去，看谁第一个转向避免碰撞。输家是第一个避开的。

　　这种懦夫博弈有个意想不到的性质：全知变成妨碍了。如果你的对手知道你全知，你就会永远失败。如果你知道你的对手总是知道你将会做什么，那么这就意味着你不应该避开即将到来的碰撞。你无所不知的对手会知道这是你的策略，将巧妙地避开以避免被撞毁。如果他不是无所不知的，还指望你理智一些，在他之前临阵脱逃，那么你就是输家。如果全知是秘密的，那么它是强大的。否则，它告诉我们，虽然只了解一点可以说是一件不好的事，但了解太多可能会更坏！

观察油画裂缝

　　龟裂缝是你在一幅老油画表面上看到的细微裂缝。它的出现是绘画颜料、胶水和帆布随时间、温度和湿度变化的反应。这是很复杂的,因为这些不同材质的反应都是不同的。有时得到的纵横交错的图案给绘画增添了显著的古典特征,只要它的效果是正常的、不矫揉造作的。它也有助于防伪,因为伪造一个旧油画中逼真的、慢慢形成的龟裂纹是非常困难的。

　　当画布最初被拉伸和固定在木框架上后,画布上的应力将减小,刚开始很快,然后随着画布的拉伸和松弛,应力的减小变得越来越慢,通常在 3 个月内将减半,从 400 牛/米到 200 牛/米左右,如果不发生松弛,那么油画就不能生存:油画表面的应变将会变得太大。然而,如果画布随后变得太松弛,颜料将不再留在画布表面而陆续剥落。由施加在油画颜料上的应力所产生的应变相对于施加的力产生一个稳定的伸长,直到达到一个断裂点为止。然后颜料就会开裂。这可能是由于画布干燥而收缩,或者是颜料因为温度升高或湿度下降失去水分。这就是为什么画廊以及那些拥有杰出艺术作品的遗址,比如达·芬奇在米兰圣玛利亚感恩教堂墙壁上的《最后的晚餐》,现在正在竭尽全力地控制游客数量,因为游客意味着温度和湿度。如果绘画的环境温度在一天结束参观者离开时冷却下来,或热度降低,那么颜料就会收缩。画作的画龄越大,颜料经受这种应力时就越不灵活。似乎温度从 10℃ 到 20℃ 的变化影响要大于湿度从 15% 到 55% 的变化影响①。这与一个经常听到的关于控制湿度是最重要的观点相反。当单独测试画布时,温度和湿度的相对重要性是相反的。

当一幅油画的表面发生开裂时,有一个简单的逻辑导致最后的图案。

下图显示了一幅刚刚经历了 20℃ 左右温度下降的油画的命运。右手端是由一个刚性框架沿顶部,底部和垂直边夹住,它抑制了冷却中的颜料层收缩的趋势。细的实网格线显示了颜料原来的位置。每一个方块都试图按比例均匀地缩小,但由于边缘被夹住固定在画框而不能这样做。其结果就是边缘的方块沿着虚线变形。例如,方块 1(以及它在底角的对应部分)两边被夹住而承受最大变形;方块 2 和 3 只有一侧被固定,所以变形少了一些;方块 4 可以在所有方向移动,但被拉扯向最大应力指向的两个角落。如果我们继续向着画作的中心分析,应力和裂缝将会越来越少。脆性的颜料首先会沿着释放大部分应力的方向裂开。此应变是与应力成直角的,用短的实波浪线表示。因此,在图片的中间部分,我们看到与垂直边平行的裂痕。渐渐地,当我们接近垂直边时,它们呈圆弧

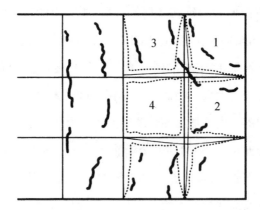

---

① 伯杰(A. G. Berger)和罗素(W. H. Russell),《文物保护研究》(*Studies in Conservation*),39,73(1994)。——原注

形弯曲,水平地汇入侧边。相反,从垂直侧面的中间开始的裂痕,根据哪个更近向着画框顶部或底部的水平边缘向上或向下弯曲。而正中间的部分,裂痕只是水平。这一过程的模拟证实,我们应该估计冷却的应力在整个画作上产生裂痕,因为边角的应力只比中间部分大5%左右①。相反地,当颜料层因干燥而产生应力时,其在边角部分和中心部分之间的变化非常大——几乎有两倍之多——所以在四个边角的开裂更明显得多。

① 梅克伦伯格(M. F. Mecklenburg),麦考密克古德哈特(M. McCormick-Goodhart)和图莫萨(C. S. Tumosa),《美国文物保护研究所杂志》(*Journal of the American Institute for Conservation*),33,153(1994)。——原注

流行音乐的
神奇方程

　　时常有一个新故事，人们发现了一个方程能预测如何做出最佳的巧克力蛋糕，选择最佳的婚姻伴侣，或创造出最有吸引力的艺术品。这种类型的故事有很长的历史。

　　这类故事的一个更复杂的例子是尝试创建一个方程以捕捉一个销量好的流行唱片的基本成分。事实上，要有说服力地做这件事情，你应该也有能力预测一个不成功的流行唱片的特性（"缺失的"）以及许多介于成功与不成功之间的作品。2012 年在布里斯托尔大学工程系，由德比（Tijl de Bie）领导的智能系统研究小组试图做这项工作，他们识别一批流行音乐的内在品质，用某种方式给它们加权，然后相加。创造了一个公式，就流行音乐的 23 种内在品质进行评分，品质从 Q_1 到 Q_{23}，由数字加权从 w_1 到 w_{23}，则 S[①] 为：

$$S = w_1Q_1 + w_2Q_2 + w_3Q_3 + w_4Q_4 + \cdots + w_{23}Q_{23}。$$

　　被选的这 23 个品质"Q"，是因为它们都可以分别简单地量化并确定。虽然我们的大脑结构在这一方面毫无疑问地决定了我们喜欢什么，这些复杂的神经

------

① 　数学家认为这是向量 w 和 Q 的数量积 $w \cdot Q$。——原注

和心理因素并不能很容易地被发现和测量。研究人员也排除了外部影响,比如唱片宣传预算有多大,流行乐队成员由于无礼行为而被捕的发生频率,或者她们是否与著名足球运动员结婚等。相反地,他们挑出 23 个品质,如时长、音量、节奏、拍号的复杂程度、节奏变化、和声简单程度、能量,或者这段音乐有多喧闹而不和谐。这个列表提供了 Q 值。那么 w 呢? 在这里,需要计算机分析大量的流行音乐唱片以评估过去和现在被发现具有特别额定的 Q 值的成功唱片。将音乐畅销排行榜总计起来跟它们的特质对比,使研究人员能够确定哪些特质为成功流行音乐所共有的,哪些是缺失的。

当然,这是一个微妙的分析,因为音乐品味随时间而变化,这项研究的产品中最有趣的内容之一是看看他们是如何做的,并且有哪些品质在不同时期脱颖而出。流行音乐挖掘者的品位的历史趋势接着被用于 S 的公式的再学习。品味的变化意味着权重需要在时间上慢慢改变,随着趋势和品位的演变,对早期价值的记忆慢慢在失去。渐渐地,这个公式遗忘了过去的趋势,而适应了新的趋势。这是在 S 的总和中用 $Q_j \times m^{t-j}$ 取代 Q_j 而得到的,其中数字 m 是记忆因子,它衡量我们对某些特定品质的喜好随时间的变化而变化的程度。我们可能曾经喜欢过非常响亮的音乐,但后来我们可能就不喜欢了。在 S 各项的总和里,随着 j 从 1 到 23 的增长,m^{t-j} 越来越小,而且当 j 达到最大值①$t=j$ 时记忆效果丧失,其中当 $j=1$ 时,记忆的效果达到最大。现在新的公式被优化②以找到一组权重,为预先指定好的品质给出最高分。通过邮件从一个潜在的流行音乐乐队那里得到一张新的唱片演示样片,经纪人可以通过运用神奇的公式来评估其目前的成功潜力。

布里斯托尔小组用他们的公式,回顾性地证实了英国过去的几大热门榜,比

---

① 你可以认为它是 t 的定义。——原注

② 从技术上讲,这种方法是"岭回归",也叫作"吉洪诺夫正则化"。——原注

如猫王普雷斯利（Elvis Presley）在 1960 年代末的《怀疑的心》（*Suspicious Minds*），雷克斯（T. Rex）在 1970 年代的《得到它》（*Get It On*），以及纯红乐队（Simple Red 乐队）在 1980 年代末的《如果你到现在还不了解我》（*If You Don't know Me By Now*）。然而，他们发现了一些意想不到的成功唱片，在公式上的得分很低，比如帕瓦罗蒂（Pavarotti）在 1990 年的世界杯足球赛庞大的观众群面前演唱的《今夜无人入睡》（*Nessun Dorma*），以及弗利特伍德麦克乐队（Fleetwood Mac）在 1968 年的《信天翁》（*Albatross*）——这两者在某种程度上都是非典型的当代摇滚对手，但也可能受其他因素驱使。

不用说，大学的研究人员设计了这一计算机智能系统，并不是要将他们的职业生涯献身流行音乐结构的研究。用于了解最成功的唱片的此类计算机分析和成分分析，并不局限于音乐。这是分析许多复杂问题的一个重要方式，对于它们，人类的头脑似乎只作出直觉判断，但当用正确的方式进行评估时，可以看出，它们遵循一套简单的最优选择。

随机的艺术

　　随机艺术有许多动机。它可能是对古典艺术风格的一种反应,渴望探索纯粹的色彩,试图从观众的脑海中看到一种构图,或者仅仅是一个新的艺术表现形式的实验。尽管对于在画布上画什么以及怎么画没有规则和约束(如果有的话),这种艺术形式产生了许多令人惊讶的定义明确的艺术流派。最著名的就是波洛克(Jackson Pollock)和蒙德里安(Piet Mondrian)的作品。他们都有特定的数学特征,波洛克利用与尺度无关的分形图案(尽管这引发了很大的争议,我们将在下一章看到),蒙德里安的在第36章里描述过的原色矩形。

　　第三个例子,既不是波洛克的抽象表现主义,也不是蒙德里安立体派的极简主义,而是凯利(Ellsworth Kelly)或里希特(Gerhard Richter)的正式构建主义。他们都随机选择色彩来吸引眼球。这些色彩都是轮廓分明、规则排列的,在彩色方块的网格中非常醒目[1]。里希特将 196 块不同的 10×10(或 5×5)的板放在一起,每一块从 25 个可能的调色板中选择一个颜色。他将它们组装成一个巨大的 1960×1960(或 980×980)的方块,或将它们装到一个独立的面板上,或根据画廊现有的空间分组组成。每一个方块的颜色是随机选择的(任何颜色的机会是 1/25),并有一个有趣的心理效应。大多数人对随机图案看起来像什么都有

---

[1]　类似结构用在"宠物店男孩"组合 2009 年的唱片《是的》(Yes)的唱片套上。——原注

一个错误的观点。他们的直觉是一定没有一连串相同的结果:他们认为比起真正的随机序列,它一定会更为有序,更少有极端。如果我们抛硬币得到正面(H)和反面(T),抛32次硬币产生的两种序列,一种是掷硬币随机产生的,另一种不是随机的——下面两种结果哪种是随机产生的呢?

THHTHTHTHTHTHTHTHTHTTTHTHTHTHTHTHH

THHHHTTTTHTTTHHHHHTTHTHTHHTTHTTTHTTHTHH

大多数人认为上面一行的序列是随机的,它在正面(H)和反面(T)之间有大量交替,没有一长串的正面(H)或反面(T)。第二行直观地看起来是非随机的,因为有几个长串的正面(H)和反面(T)。事实上,第二行的序列是真正无偏向地抛硬币而随机产生的,而第一行只是我为了看起来"随机"而写下的,所以它避免出现长串的正面(H)或反面(T)。

独立抛掷硬币没有记忆。公正地抛掷一枚硬币,每一次正面(H)或反面(T)的机会都是1/2,无论上一次抛掷的结果是什么。它们每一次都是一个独立的事件。序列中一连串 r 个正面(H)或反面(T)的概率就由 r 次的 $\frac{1}{2} \times \frac{1}{2} \times \frac{1}{2} \times \frac{1}{2} \times \cdots \times \frac{1}{2}$ 相乘而得到,就是 $(1/2)^r$。但如果我们投掷硬币非常多的次数,那么一段 H 或者 T 就有 N 种不同的可能性来开始,而得到长度为 r 的连续串的机会就增加为 $N \times (1/2)^r$。当 $N \times \frac{1}{2^r}$ 近似等于 1 时,即 $N = 2^r$ 时,长度为 r 的一连串就很可能出现。这有一个非常简单的意义。如果你看到约 N 次投掷硬币的排列,那么当 $N = 2^r$ 时,你能发现长度为 r 的连续串。我们所有的序列长度为 $N = 32 = 2^5$,那么我们预期有超过均等的机会,会出现一串 5 个正面或反面,而且几乎肯定会包含 4 个正面或反面。例如,32 次投掷,有 28 个起点允许出现 5 个正面或反面的连续串,平均每一种很可能有两串。当投掷次数变大时,我们可以忘记投掷的次数和起始点的数量的区别,用 $N = 2^r$ 作为方便的经验法则。这些正

236

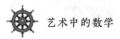

面或反面连续串的缺失,是你应该怀疑第一行序列的存在,而对第二行的随机性感到高兴。这里得到的教训是,我们对随机性的直觉都偏向于认为它比真实的更均匀有序。

正是这种在纯随机序列中的反直觉的结构,被艺术家,如凯利和里采特采用以吸引我们,当我们看他们的作品时。里希特的油画板从某种意义上看是随机的,每个小方格的色彩是随机选择的,不取决于其他所有的小方格。一连串同一种颜色会出现。以巨大的 196 种颜色 10×10 个方格组成的网格为例。如果我们切下每一行,把它们排成一长条,我们将得到一行 $1960 \times 1960 = 3\,841\,600$ 个小方格。有 25 个不同的颜色可供选择,所以如果它们只是一维的线,那么一连串 r 个同样颜色的小方格会出现为 $3\,841\,600 = 25^r$。因为 $25^4 = 390\,625$,而 $25^5 = 9\,765\,625$,我们看到很有可能发现 4 个同样颜色的小方格连成一串,我们偶尔也能看到 5 个连成一串。然而,当这些颜色的线组成正方形时,我们的眼睛可以搜寻其他沿着垂直列或对角线的线,偶尔会形成相同颜色的小方块串。下图显示的是一个 5×5 正方形,将前面的 H 和 T 的随机序列依次表示每个方格。H 方块被涂黑,来凸显颜色块。

只有两种颜色,一种颜色的块就相当大。随着调色板大小的增加,更多的变化成为可能。在一个两种颜色块 $n \times n$ 的阵列中,水平和垂直方向一种颜色的连串的个数与 $\lg(n)$ 成正比。如果我们也对对角线连串有兴趣,那么起始点数的增加使概率翻倍。对角线连串也因此很可能加倍了。一种颜色的线不是唯一的消遣。当它们几个相邻时,产生了色块。纯粹随机填充的小方块能够偶然产生相当多的相同颜色的色块,所以看起来似乎是由艺术家通过改变某些随机结果的颜色来干预协调整体图案的外观。得到的启示是要创造美学上吸引人的随机艺术不是那么容易。观众始终倾向于认为,真正的随机图案具有太多的有序性。

杰 克 滴 画 者

近几年来,数学在艺术上引人注目的一个应用已经引起了很大的争议。艺术史学家、估价师和拍卖行希望找到一个完全可靠的识别画家作品的方式。回溯到 2006 年,这个圣杯似乎已经被找到,至少对一名著名艺术家的作品是如此,当时尤金的俄勒冈大学的泰勒(Richard Taylor)和同事表明有可能对波洛克的抽象表现主义作品的颜料层做一个复杂的数学分析,并揭示出了一个特殊的复杂识别标志[1]。这个识别标志就是画法的"分形维数"。粗略地说,它衡量的是笔触的"繁忙"程度,以及这种特征随着作品中所调查区域的大小而改变的程度。

想象一下,一个正方形的画布被分成较小的正方形格子。如果我们画一条直线穿过画布,那么与它相交小方格数将会随着我们画的小方格的大小而变化。小方格越小,交点越多。对于一条直线,穿过的小方格数与 $1/L$ 成正比,其中 L 为小方格的边长。

如果我们画的不是直线,而是在画布上蜿蜒曲折的波浪线,那么比起直线它将与小方格有更多的交叉点。一条足够复杂的波浪线有可能与每一个小方格都

---

[1] 泰勒,米科利奇(A. P. Micolich)和乔纳斯(D. Jonas),《自然》,399,422(1999),《物理世界》(Physics World),12,15(1999 年 10 月刊),和《列奥纳多》(Leonardo),35,203(2002)。——原注

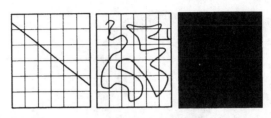

相交,即使网格非常细密。在这种情况下,虽然从几何学的角度来看蜿蜒的波形线只是一条一维的线,但是当它覆盖空间时,它的表现却越来越像一个二维的区域。如果与之相交的边长为 L 的小方格数 $1/L^D$ 随着 L 越来越小而增加时,我们将它称之为一个"分形"。数字 D 被称为是一个分形维数,它衡量了线的图案的复杂度。它位于 1 和 2 之间,其中 1 代表直线,2 代表整个区域由非常复杂的波形线着色。当 D 介于 1 和 2 之间时,这个线的表现好似它有一个分数维度。

一个图案不需要符合这个简单的 $(1/L)^D$ 的规则:不是所有的图案都有一个分形形式。请注意,如果在一个分形中 L 加倍,比如到 $2L$,那么交叉点的数目仍然与 $1/L^D$ 成正比。这种"自相似性"的性质是分形的特点。如果你在放大镜下看一个分形,那么在统计学中在所有的放大倍数下它看起来都是一样的。这是一件抽象艺术作品的一个非常有趣的属性。也许,波洛克在他的作品里直觉地感到了这一特征①? 这意味着观众无论是看他完整尺寸的作品,还是看书本中的缩小尺寸,都得到相同的印象。

泰勒将这种方法应用于几个波洛克的滴画作品的不同颜料层中。有一部波洛克在工作的电影使我们了解了他的一些技术细节。这些作品是在他工作室地板上铺的一个大画布上创作的。最后的作品从画布的中心剪下来,以最小化边缘效应。不同的颜色以两种不同的技术一层一层地使用上去。在短距离上他用颜料点滴的办法,而较大距离时他就随机地抛投。泰勒分析了 17 幅波洛克的画布,方形网格的尺寸从 $L = 2.08$ 米(整个画布的大小)到 $L = 0.8$ 毫米(最小的颜

---

① 巴罗,《巧妙的宇宙膨胀》,pp. 75 – 80,牛津大学出版社,牛津(2005)。——原注

料滴的大小)。他发现它们具有双分形结构,对于 1 厘米 $< L <$ 2.5 米的情况, $D_{扔}$ 接近 2,而对于 1 毫米 $< L <$ 5 厘米,$D_{滴}$ 接近 1.6—1.7,$D_{滴}$ 总是小于 $D_{扔}$,因此大型的复杂性大于小型的复杂性。

可以对每层颜料这样做。泰勒和他的同事们后来提出理由证明,对其他的艺术作品和图案的研究表明,接近 1.8 的分形维数 D 被认为在美学上比其余的更讨人喜欢[1]。其他研究者对他们的方法进行更详细研究,并将其应用到其他抽象艺术作品中[2]。这些作品竟然有类似的性质,因此分形方法作为一种工具来区分不同的艺术家的作品,并没有看起来那么有前途——虽然很少需要这样的区分,除非其中一个"艺术家"是一个未知的伪造者。泰勒等人在他们对波洛克的研究中认为,有证据表明在波洛克从 1940 年到 1952 年的职业生涯期间,$D_{扔}$ 的值从接近 1 增加到约 1.7——他的作品因此随着时间的推移变得更加精致。

这些有趣的研究导致了一项建议,应该可以确定未签字的"波洛克"作品的真实性——有很多这种作品——对它们进行分形分析。该标准提出将在从小到大的各尺寸作品上对每一层颜色分形变化的识别与在一个几厘米尺度上 D 值中的特征变化的出现,与 $D_{滴} < D_{扔}$ 的要求结合起来。

用这种方法泰勒取消了至少一个自称为波洛克作品的资格,然后他受波洛克 – 克拉斯纳基金会邀请,分析了 32 个无签名的、小块的类似波洛克画布收藏品中的 6 个。这些画布是亚历克斯·马特(Alex Matter)于 2005 年 5 月在其已故父母的财产中发现的。赫伯特(Herbett)和马特(Mercedes Matt)夫妇曾经是波洛克的亲密朋友,这些画作在他们过世后被发现,上面有赫伯特写的"波洛克实验

---

[1] 泰勒,米科利奇和乔纳斯,《意识研究杂志》(*Journal of Consciousness Studies*),7,137 (2000)。——原注

[2] 穆雷卡(J. R. Mureika),库皮奇克(G. C. Cupchik),和戴尔(C. C. Dyer),《列奥纳多》,37(1),53(2004);和《物理评论》,E72,046101(2005)。——原注

作品(1946－9)"的标签。虽然它们由凯斯西储大学,重要的波洛克研究学者兰道(Ellen Landau)认证过,但当泰勒在纽约应波洛克－克拉斯纳基金会①的请求分析这些作品时②,没有一件作品通过了泰勒的分形标准。到目前为止,这些作品都没有出售过。真实性的问题是一个非常大的问题,因为波洛克的作品是全球最为昂贵的作品之一——作品《第5号,1948》于2006年由苏富比以超过1.61亿美元私下认购的方式卖出。更加有争议的是,2006年哈佛艺术博物馆对某些作品的司法鉴定分析声称,有些绘画作品中包含的橙色颜料直到1971年才有,比波洛克去世的1956年晚了很多年。这至少表明这些有疑问的作品,已经被波洛克以外的人加工过了。

围绕这些进展的舆论引来了由琼斯－史密斯(Kate Jones-Smith)和马瑟(Harsh Mathur),像凯斯西储大学的兰道一样,再次研究波洛克作品的分形识别标志③。他们最终不同意泰勒的说法。他们发现有几个已知的波洛克作品,显然不符合分形标准,并且他们认为,已分析过的波洛克作品太少,不能够达到一个有用的、定量的分形测试。此外,他们还关心使用的盒子尺寸的范围,从画布尺寸降到个别绘画斑点的尺寸,这个尺寸太小了,而无法用于建立分形行为以及D值变化的真实情况。他们也不同意否定马特的这组油画的结论,他们像真正的波洛克那样,创作了许多他们自己的手绘波浪图和Photoshop图像处理软件的作品,这些作品通过了泰勒宣传的波洛克认证测试。总体上,他们认为这类简单的分形分析不能用来从假货中辨识真正的波洛克作品。

泰勒现在与米科利奇和乔纳斯一起工作,回应称,盒子的尺寸范围完全足

---

① 请参阅阿博特(A. Abbott),《自然》,439,648(2006)。——原注
② 克拉斯纳曾是波洛克的妻子。——原注
③ 琼斯史密斯和马瑟,《自然》,444,E9－10(2006);琼斯史－密斯,马瑟和克劳斯,《物理评论》,E 79,046111(2009)。——原注

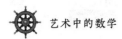

够,至少与用以识别自然界中的许多其他分形的一样宽①。他们还透露,当他们测试真正的波洛克作品时,除了那些已经公之于众的标准之外,他们还采用了更多的标准。琼斯-史密斯和马瑟提供的反例据说未能通过这种更严格的标准,不能充分模拟分形行为。虽然已经透露了一些额外的标准②,据称泰勒等人还没有将所有额外的验证标准公之于众,连同他们使用的来区分颜色的方法。这并不奇怪,伪造者不能知道他们需要通过哪些测试以使他们的努力得到验证!很显然,这种数学分析的最后一滴还没有落下来。

---

① 泰勒,米科利奇和乔纳斯,《自然》,444,E10–11(2006)。——原注
② 泰勒等,《模式识别通信》(*Pattern Recognition Letters*),28,695(2007)。——原注

弦 桥

弦桥又称耶路撒冷弦桥,是一个高 118 米,美观的钢缆悬索桥,由西班牙建筑师卡拉特拉瓦(Santiago Calatrava)设计,并于 2008 年开通。它在耶路撒冷的西侧入口,并带有轻轨系统。卡拉特拉瓦最初受到耶路撒冷市长的挑战,创造可能的最美丽的桥。他用一种优雅的数学结构来回应,这座桥的悬挂索像竖琴的琴弦一样悬挂着——也许是戴维国王的竖琴——但它却能创造出一种优雅飘逸的曲线。

这个建筑的基本秘诀你可以从小型绳弦艺术中找出。我们使用一系列的直线来产生一个平滑曲线,或"包络线",这是由它们的交叉点描绘出的。标出图

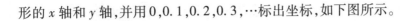

形的 x 轴和 y 轴,并用 $0,0.1,0.2,0.3,\cdots$ 标出坐标,如下图所示。

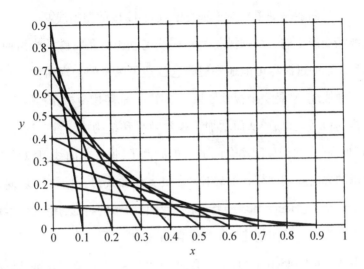

现在画一条直线从点 $(x,y)=(0,1)$ 向下与 x 轴交于点 $(x,y)=(T,0)$。这条过 $x=T$ 的交叉点的直线方程为:

$$y_T = 1 - T - x(1-T)/T \qquad (*)$$

上图中显示了大量的这些线,起点等间距地位于垂直轴上,与水平轴相交。你可以看到它们如何创建了一个边界曲线,即"包络线"。随着使用的直线数量的增加,越来越平滑,起点和终点紧靠在一起。

这个包络线的形式是什么呢?为了产生它的光滑形式,我们看看令 T 从 0 到 1 产生的直线的整个系列。先看看两条非常接近的直线,一条直线与 x 轴交于 $x=T$,另一条相邻的直线。交于 $x=T+d$,其中 d 非常小。我们用 $T+d$ 替代上面等式里的 T,得到了这个邻近直线的方程:

$$y_{T+d} = 1 - (T+d) - x(1-T-d)/(T+d)$$

只要 $y_T = y_{T+d}$,我们就能找到这条线与前面公式 $(*)$ 所描述的线的交点,我们发现 $x = T^2 + Td$。我们让 d 趋于零,使这两条线越来越接近,不难看到,趋向于 $x = T^2$。然后代入第一个公式 $(*)$,通过运算,得到 $y = 1 - T - T^2(1-T)/T =$

$(1-T)^2$。当我们将 T 由 0 变到 1,由所有直线的包络线所形成的曲线是 $y = (1-\sqrt{x})^2$。这条曲线是一条相对于垂直轴倾斜 45 度的抛物线①。

从直线相交产生的一系列抛物型包络线勾勒出一条特殊的光滑曲线,它使得从 y 轴到 x 轴的过渡尽可能地平滑。它创造了弦桥的美观曲线,而没有使用任何实际弯曲线缆,它是一个视觉效果。事实上,耶路撒冷桥在不同方向上由不止一个这样的包络线组成,从而增加了视觉效果和结构稳定性。这包络线是平滑转变的"贝齐尔"曲线无限集合的最简单的例子,贝齐尔曲线可以用来处理包含任意数量的方向或摆动变化的转换②。贝齐尔曲线最开始被用来设计跑车③的剖面和描绘摩尔(Henry Moore)特有的"弦图"雕塑的特征,用一系列线族来拴住石头或者木头的小雕塑创建出抛物型包络曲线。

现代字体,如 PostScript 和 True Type 以及图形程序如 Adobe Illustrator 和 CorelDRAW 都是用平滑的贝齐尔曲线来产生及工作的。你可以从这些放大了的简单字符看到平滑曲线如何在一个字体中组建符号的:

£6 age9?

贝齐尔曲线也被用在电影的计算机动画中,通过控制速度使卡通人物在空间中产生自然流畅的运动,沿着运动轨迹产生一个平滑的过渡。

---

① 将坐标从 x, y 改到 X, Y,其中 $X = x - y$,$Y = x + y$,并且 $y = (1-x)^2$ 转换成以 X, Y 为坐标的,熟悉的抛物线公式 $Y = (1 + X^2)/2$,它的轴相对于 x, y 坐标旋转了 45 度。——原注

② 请参阅勒南(Renan)文章中的图片。——原注

③ 这些光滑的内插曲线背后的数学是由法国工程师贝齐尔(Pierre Bézier)于 1962 年以及德卡斯特乔(Paul de Casteljau)于 1959 年分别研究的。他们两个都参与了用这些方法设计车身的项目,贝齐尔为奔驰设计,德卡斯特乔为雪铁龙设计。——原注

穿鞋带的问题

从橡胶底帆布鞋到跑步鞋,然后再到"训练鞋",创造了一系列不可预见的时尚挑战以及每一次价格十倍的提高。这些鞋子鞋带的系法(或者根本不系鞋带)成为年轻人中一个重要的穿着体现。展望更远的地方,你可以看到无论过去还是现在,系带图案在服饰和女性紧身胸衣上都起着重要作用。

让我们看一个具体的鞋带问题,偶数个鞋孔完全对齐,两边平行排列使得鞋带得以穿过。我们假设鞋带是完全平的。它可以纵横交错地从一列的一个孔眼中穿过,水平或对角地穿过另一列,或者也可以垂直地连起同一列邻近的孔眼。为了使鞋带是有用的,两个连接中至少有一个不应完全在同一列的孔眼中结束。这保证了当鞋带拉紧时,每个孔眼都感受到拉力,有助于将鞋的两边拉在一起。

有很多方法来穿鞋带。如果有 12 个孔眼,那么从理论上讲,你有 12 种从哪里开始穿鞋带的选择,然后因为可以向上向下穿过同一列或纵横向地穿过另一列,你又多了一倍——所以有 24 种开始动作。同样的,下一步,你有 $2 \times 11 = 22$ 种可能的动作,以此类推,一直到最后一个孔眼,你只有两个方向的选择。

这些都是独立的选择,所以有 $24 \times 22 \times 20 \times 18 \times \cdots \times 4 \times 2 = 1\,961\,990\,553\,600$ 种可能的穿鞋带方法!我们可以将这一天文数字除以 2,因为其中一半是另一半的简单镜像,然后再除以 2,因为从一个鞋孔从头到尾穿鞋带与反方向的同样轨迹是一样的。这仍然留下超过 4900 亿种排列①。然而,如果你真想要更多种穿法,那么你可以用不同的方式在孔眼之间交叉穿鞋带或允许鞋带在同一个孔眼多次穿过。

如果排除纯粹的垂直连接,每一次穿鞋带都是在两列之间,那么这个可能的数量只是 $\frac{1}{2}n!(n-1)!$,当每列 $n=6$ 时,有 43 200 种。

大多数实际可用的穿鞋带的路径并不是非常有趣。穿鞋带的狂热爱好者费根(Ian Fieggen)只选择其中的 39 种为实用的方法。对每一种你可以计算的简单特征是鞋带所需的总长度。最短的可能长度也许是你需要知道的一个有用的数据。

下页图中所示的 5 个有趣的样式。每个的总长度取决于在同一列孔眼之间的垂直距离(比如说 h)和列之间的距离(比如说 l)。通过将垂直连接数乘以 h 加上水平连接数乘以 l,以及对角线连接数乘以其长度(这个长度可以利用毕达哥拉斯定理得到,它的两条垂直边是 l 和 h 的倍数)。例如,在"交叉"的穿鞋带法中,每条对角线的长度是 $\sqrt{l^2+h^2}$ 的平方根,可以简单地计算出任何鞋带的总长度。下页图所示的 5 种可能穿法从左至右使用更长的鞋带。显然,对角线总是比水平或垂直间距长。最经济的穿鞋带方法是"蝴蝶结"形,总长为 $6h+2l+4\sqrt{l^2+h^2}$。"交叉"形的长度为 $2l+10\sqrt{l^2+h^2}$ 这显然更长,因为 $\sqrt{l^2+h^2}$ 必定大于 h。

虽然长度不是选择鞋带穿法的唯一因素。"蝴蝶结"形对鞋带比较经济,避免在脚面的敏感部位施加太多压力,但当你拉鞋带的两端时,一些垂直连接不能

① 这首先由哈尔顿(J. Halton)于 1965 年研究。仔细计算后,波尔斯特发现了 $n=2m$ 时所有可能性的总数。见波尔斯特,《自然》,420,476(2002)和波尔斯特,《系鞋带的书:最佳(和最差)系鞋带法的数学指南》(*The Shoelace book*: *A mathematical guide to the best (and worst) ways to lace your shoes*,美国数学学会,普罗维登斯,罗德岛,2006)。——原注

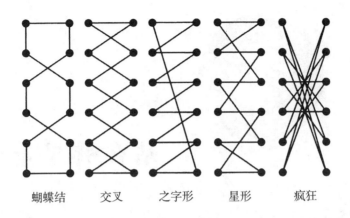

蝴蝶结　　　交叉　　　之字形　　　星形　　　疯狂

将鞋的两侧有力地拉在一起。在孔眼附近的鞋带像滑轮一样，收紧鞋带的力是所有水平方向拉力的总和，你可以通过将所有的水平连接相加，忽略垂直连接，加上对角线连接（如果连接的是相邻行）乘以它们的方向与水平夹角的余弦值，即 $1/\sqrt{l^2+h^2}$，计算得出。墨尔本莫纳什大学的数学和穿鞋带爱好者波尔斯特（Buckard Polster）做了这个计算，他发现当多于两个孔眼时，在孔眼的行之间有一个特定的间距 h'，相对于列间距离（在这里是 l），当 h 小于 h' 时，"交叉"法是最强的鞋带穿法，而当 h 大于 h' 时，"之字"法是最强的鞋带穿法。当 $h=h'$ 时，这两者一样强。典型的鞋子似乎 h 值接近特殊值 h'，所以你可以使用这两种鞋带穿法的任一种，得到几乎相同的结果。在这些情况下，你可能会用普通的十字交叉法穿鞋带，因为不同于"之字"法，用此法很容易看出在结束时，两端具有相同长度的剩余鞋带以便最后打结。

站 在 哪 里 看 雕 像

世界上许多大城市,都有很好的雕像,可以从远处欣赏。通常,它们立于基座上或位于远高于我们头顶的外墙上。我们应该站在哪里得到最好的观赏视野呢? 如果我们站得很近,我们发现自己几乎垂直向上看,只能捕捉到前面的一小截。所以我们需要更远一些,但又要远多少呢? 当我们离雕像的底座越来越远时,它显得越来越小;越靠近时,它看起来就越大,直到我们太近,它看起来又开始变小了。在这两者之间一定有一个最佳的观看距离,在这个位置看,雕像显得最大。

我们可以通过设置观看场景,在下图中找到这个距离。你的位置在 Y,雕像基座在你眼睛之上的高度是 T,它上面的雕像的高度是 S。这些距离是固定的,但我们可以改变你站的位置与基座的距离 x。

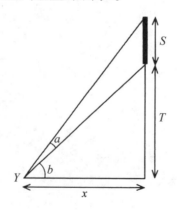

用一点几何就能帮助你。角 b——地面与基座顶端的夹角,以及 $b + a$——地面与雕像顶端的夹角,分别可以由以下等式给出:

$$\tan(a + b) = (S + T)/x \text{ 和 } \tan b = T/x 。$$

如果我们利用公式

$$\tan(a + b) = (\tan a + \tan b)/(1 - \tan a \tan b) ,$$

那么我们发现:

$$\tan a = Sx/[x^2 + T(S + T)] 。$$

现在,我们要找出 x 为何值时角度 a 所对着的雕像最大化。我们只要微分 da/dx,并设它等于零。微分后,我们得到:

$$\sec^2 a \, da/dx = [x^2 - T(S + T)]/[x^2 + T(S + T)]^2$$

由于 $\sec^2 a$ 是一个平方数,对于 a 在 0 度到 90 度之间是一个正值;当右边的分子为零时,我们看到 $da/dx = 0$,雕像看起来最大。即,

$$x^2 = T(S + T) 。$$

这是我们问题的答案。使雕像的正面看起来最大的最佳观看距离 $x = \sqrt{T(S + T)}$。

我们可以对一些著名的纪念雕像尝试这个公式。在伦敦特拉法加广场的纳尔逊纪念柱位于眼睛以上的 $T = 50$ 米,雕像的大致高度 $S = 5.5$ 米,所以你应该站在 $x = \sqrt{2775} = 52.7$ 米远处以获得最佳视野。在吉萨,哈夫拉金字塔南侧的狮身人面像,$S = 20$ 米,$T = 43.5$ 米,它的最佳观看距离是 52.6 米。在佛罗伦萨米开朗琪罗(Michelangelo)的雕像大卫[1],$S = 5.17$ 米,$S + T = 6.17$ 米,所以我们只需要在 $x = 2.48$ 米处就能得到最佳视角[2]。如果你要准备去看世界上某一座

---

[1] 值得注意的是,这座雕像的高度在以前的艺术史书和导游册中记录的是 4.34 米,而 1999 年斯坦福大学的一个研究小组从龙门架上测量的高度为 5.17 米——一个巨大的错误。——原注

[2] 在这些例子中,我假设眼睛位于基座底部以上 1.5 米的位置。——原注

杰出的、位于基座之上的雕像，你可以在有用的网站上找到你所需要的尺寸，计算最佳观赏点。

无限酒店

　　传统酒店房间数量总是有限的。如果它们都被占用了,现有的客人不走,新来的客人就无法入住酒店。数学家希尔伯特(David Hilbert)①曾经想象一些可能在一个无限酒店发生的奇怪的事情。在我的舞台剧《无限》中,由隆柯尼(Luca Ronconi)导演,于 2001 年和 2002 年在米兰上演,第一个场景是希尔伯特想象的酒店可能面临的一个简单悖论的阐述,设置在一个非常奇特的戏剧空间中②。假设一个旅客来到无限酒店的接待处,有无限个房间(编号 1,2,3,4,…,直到无限),所有这些都被占用了。前台职员很困扰——酒店都住满了——但经理很坦然。只要请房间 1 的客人搬到房间 2,房间 2 的客人搬到房间 3,以此类推,直到永远。这样就可以使房间 1 空出留给我们的新客人,而其他人也还有一个

---

① 希尔伯特是 20 世纪前半叶世界上最重要的数学家之一。他的想象中的酒店由伽莫夫(George Gamow)在他的书《从一到无穷大》(*One, Two, Three … Infinity*, pp. 18—19,维京出版社,纽约,1947 和 1961)中描述。——原注

② 巴罗,《无限》,由隆柯尼导演,于 2001 年和 2002 年在意大利米兰的短笛剧场的一个特殊空间演出,2002 年在西班牙的巴伦西亚演出。在巴尔(K. Shepherd Barr)的书《舞台上的科学》(*Science on Stage*,普林斯顿大学出版社,普林斯顿,新泽西,2006)和唐吉(P. Donghi)的《无限的研究》[*Gli infiniti di Ronconi*,《科学快报》(*Scienza Express*),的里雅斯特,2013]中也讨论过。——原注

房间。

下星期返回的旅客带来无限多的朋友——都想要房间。再次,这个受欢迎的旅馆都客满了,经理仍然坦然。毫不犹豫地,他将房间 1 的客人搬至房间 2,房间 3 的客人搬至房间 6,以此类推,直到永远。这样让所有奇数号的房间都空出来了。现在有无限数量的空房间,留给新来的客人。不用说,客房服务有时是有点慢。

第二天经理有些得意。他的连锁酒店已决定解雇所有其他经理,并且关闭除了他那家的其他所有无限连锁酒店(削减无限数量的工资)。坏消息是,住在其他连锁的无限酒店里所有的现有客人将要搬到他的这家酒店。他需要为这些涌入的来自无限多个其他酒店的无限多客人(每个酒店都有无限多的客人)找到房间,而他自己的酒店已经客满了。新来的客人很快就要到了。

有人建议使用素数 $(2,3,5,7,11,13,17,\cdots)$,有无穷多个[1]。任何整数都可以用唯一的方法表示为素数因子的乘积,例如 $42 = 2 \times 3 \times 7$。因此把从酒店 1 来的无限数量的客人安排到 $2,4,8,16,32,\cdots$ 号房间;从酒店 2 来的无限数量客人安排到 $3,9,27,81,\cdots$ 号房间;从酒店 3 来的客人安排到 $5,25,125,625,\cdots$ 号房间;从酒店 4 来的安排到 $7,49,343,\cdots$,以此类推。没有房间会安排一个以上的客人,因为如果 p 和 q 是不同的素数,m 和 n 是整数,那么 p^m 永远不能等于 q^n。

经理很快就提出一个略为简单的系统,前台的工作人员可以在计算器的帮助下很容易地应用这个系统。把从第 n 个酒店第 m 号房间来的客人安排到 $2^m \times 3^n$ 号的房间里。没有一间房间会安排两个客人居住。

经理还是不高兴。他意识到,如果这一计划实施,将会有大量的空置房间。

---

[1] 维连金(N. Ya. Vilenkin),《寻找无限》(*In Search of Infinity*),Birkhäuser 出版社,波士顿(1995)。——原注

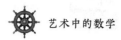

所有房间号为 6,10 和 12,不能写为 $2^m \times 3^n$ 形式的房间,将被空置。

一个新的、更有效的建议很快就到来了。画一张表格,表格的每一行表示客人的旧房间号,而表的每一列表示旧酒店号。因此,第 5 行第 4 列的那项,表示从第 4 个酒店的第 5 个房间来的客人。数对 (R,H) 意味着客人是从 H 酒店的 R 房间来的。现在,通过表格左上角的格子,就可以简单地安排新来的客人了。

当客人到达,前台员工需要将房间 1 分配给从 $(1,1)$ 来的客人;房间 2 分配给从 $(1,2)$ 来的客人;房间 3 分配给从 $(2,2)$ 来的客人;房间 4 分配给从 $(2,1)$ 来的客人。这样就安排了表格左上角边长为 2 的正方形的所有客人。现在安排边长为 3 的正方形。把从 $(1,3)$ 来的客人分配在房间 5,从 $(2,3)$ 来的客人分配在房间 6,从 $(3,3)$ 来的客人分配在房间 7,从 $(3,2)$ 来的客人分配在房间 8,从 $(3,1)$ 来的客人分配在房间 9。这样表格中边长为 3 的正方形的所有客人安排好了。这显示了你如何重新分配原来在酒店号 $H=n$,房间号 $R=m$ 的客人,即把他记为 (R,H) 的方法:

$(1,1)$ 到房间 1	$(1,2)$ 到房间 2	$(1,3)$ 到房间 5	$(1,4),\cdots,(1,n)$
$(2,1)$ 到房间 4	$(2,2)$ 到房间 3	$(2,3)$ 到房间 6	$(2,4),\cdots$
$(3,1)$ 到房间 9	$(3,2)$ 到房间 8	$(3,3)$ 到房间 7	$(3,4),\cdots$
$(4,1)$	$(4,2)$	$(4,3)$	$(4,4),\cdots$
$(5,1)$	$\cdots$	$\cdots$	$\cdots,(5,n)$

有足够的房间给每个人吗?是的,因为如果一个客人在酒店 H 的客房 R,那么如果 $R \geqslant H$,客人将被分配到房间 $(R-1)^2+H$,如果 $R < H$ 他们将被安排在房间 H^2-R+1。

这个经理以极大的热情欢迎这个解决方案。每一个客人都会住在自己的独特的房间里,而他的酒店里没有一个房间会空置。

音乐的颜色

音乐是可用来分析的最简单的艺术模式,因为它是一个具有相当精确的频率和时间间隔的一维音符序列。也许,人类发现有吸引力的音乐形式都具有一些简单的数学特征,这些数学特征可以从熟悉的例子中提取出来吗?

声音工程师称音乐为"噪声",他们使用被称为"功率谱"的量化指标来记录其特点,它测出声音信号在每个频率上包含的能量。它很好衡量了一个随时间变化的信号的平均行为如何随频率变化。一个相关的量是声音的"相关函数",这显示了两个不同时间制造的声音,比如说 T 和 $t+T$ 是如何相关联的①。许多自然的声音,或"噪声"源,有一种性质,它们的功率谱与声音的频率 f 的逆幂次 f^{-a} 成正比,其中在一个非常大的频率范围内,常数 a 是正的。这样的信号被称为"无标度"或"分形"信号(如我们在其他章节中已经遇到的图像分形形式),因为没有一个特定的优先频率(如多次命中中央 C 音)来描述它们的特征。如果所有的频率加倍或减半,而功率谱将保持相同的 f^{-a} 的形状,但在每一个频率有不同的声级②。

---

① 如果信号按平均计总是一样的,那么相关函数将只依赖音符间的时间间隔 T。——原注
② 偏离无标度行为显然存在,否则一段录音以任何速度播放听起来都会一样。——原注

当噪声是完全随机时，$a=0$，每一个声音与其前面的声音是不相关的：所有的频率有相同的能量。这种类型的信号被称为"白噪声"，用来类比所有的颜色相组合得到白色光。缺乏相关性使得白噪声的声音序列令人惊讶地连续。最终，耳朵失去了在白噪声中寻求模式的兴趣，所以在低强度下，它们宁静得像海浪温柔的拍打，这就是为什么白噪声录音有时用于治疗失眠。相反地，如果声音具有 $a=2$ 的频谱，那么这种"褐色噪声"①是密切相互关联的，并且是可预测的（$a=3$ 的"黑色噪声"更是如此）——如果频率一直上升，那么它们倾向于继续上升（哆，来，咪，发，嗦，……），这对人类耳朵来讲也不是很有吸引力的：这太容易预测了。在两者之间，可能存在一个中间的情况，一个介于不可预测和可预测之间的中间状态，这样的状态具有耳朵最"喜欢"的令人愉悦的平衡。

1975 年，加州大学伯克利分校的两位物理学家，沃斯（Richard Voss）和克拉克（John Clarke），对这一问题展开了第一次实验研究②。他们与当地电台的音乐谈话类节目一起，从巴赫到披头士乐队，确定了人类音乐许多风格的功率谱。后来，他们把分析扩展到包括许多非西方传统音乐，涵盖了一系列的风格。在这些音乐的分析中，他们认为，人们对 $a=1$，即"$1/f$"频谱的音乐有一个强烈的偏好，通常被称为"粉红噪声"③。这种特殊的频谱在所有时间间隔上都有相互关联，它以一个明确的方式优化了惊奇性和不可预测性④。

沃斯和克拉克的工作似乎把在低频范围内（低于 10 赫）的人类音乐描述为

---

① 使用这种色彩形式的术语，因为这种类型的噪声的统计是类扩散的过程，就像液体表面上的微小悬浮颗粒的布朗运动，第一次由植物学家布朗（Robert Brown）于 1827 年记录下来，1905 年由爱因斯坦（Albert Einstein）解释。——原注
② 沃斯和克拉克，《自然》，258，37（1975）和《美国声学学会杂志》（*Journal of the Acoustical Society of America*），63，258（1978）。——原注
③ 尽管 $1/f$ 频谱在长时间间隔有很好的近似，仍然有显著的例外，比如乔普林（Scott Joplin）的音乐，有很多 1—10 赫左右单一幂律的高频变化。——原注
④ 功率谱只是音乐声音变化的一个特征。如果你把乐谱上下颠倒或由后向前演奏音乐，它的功率谱将保持不变，但音乐变了。——原注

中等复杂的准分形迈出了重要的一步。其他对声音和复杂性感兴趣的物理学家更详细地重新检验它。事情后来竟然变得不那么清晰了。用于确定谱相关性的音乐片段的长度是至关重要的,而且一个不恰当的选择可以给全部研究结果带来偏差。$1/f$ 谱会出现在任何一段间隔足够长的音频信号的录音中①,就像需要完成整首交响乐演奏,或者沃斯和克拉克录制的长达数小时的电台音乐广播。因此,如果你分析足够长的声音信号,所有的音乐应该倾向于有一个 $1/f$ 的频谱。如果我们走到另一个极端,考虑在很短的时间间隔内包括约十几个音符的乐音,我们发现,接续音符之间有很强的相关性,因此声音通常是极可预测的,远不是随机的。这表明,在中间时间间隔的音乐频谱将是最有趣的。

布恩和德可罗利(Oliver Decrdy)像沃斯和克拉克那样进行了一项调查,但仅限于频率范围从 0.03 赫到 3 赫②,时间间隔的中间范围"有趣"的一段。他们从 18 位不同的作曲家,从巴赫到卡特(Elliott Carter),研究了 23 种不同的作品,只平均到每个作品结构分部。他们现在发现没有任何关于 $1/f$ 频谱的证据,虽然频谱仍然是近似于无标度的。它一般被认为以 $1/f^a$ 下降,其中 a 介于 1.79 和 1.97 之间。当一个作品在自然音乐时间运动中被采样,设计为完整无损地被聆听时,人们欣赏的音乐更接近相关的"褐色"($a=2$)噪声"频谱而不是"粉色($1/f$)噪声"。

---

① 克利蒙托维奇(Yu Klimontovich)和布恩(J. -P. Boon),《欧洲物理快报》(*Europhysics Letters*),21,135(1987);布恩,诺莱(A. Noullez)和蒙曼(C. Mommen),《接口:新音乐研究杂志》(*Interface:Journal of New Music Research*),19,3(1990)。——原注
② 布恩和德可罗利,《混沌》(*Chaos*),5,510(1995)。内特海姆(Nigel Nettheim)在对只有 5 个旋律的研究中发现了一些非常相似的情况,《接口:新音乐研究杂志》,21,135(1992);也请参见巴罗,《巧妙的宇宙膨胀》,牛津大学出版社,牛津(2005)。——原注

莎士比亚的猴子：
新一代

有一幅著名的画,一队猴子随机打字,最终产生了莎士比亚的作品。自从亚里士多德描述了随机写作的想法后,这似乎已经逐渐成为一种不可能的古怪例子,亚里士多德给出了一本书的例子,该书的文字是由随机扔在地面上的字母形成的①。在 1782 年斯威夫特(Jonathan Swift)的《格列佛游记》(*Gulliver's Travels*)中,讲述了拉格多大学院的一个神秘教授,他想要让他的学生用机械印刷设备不断地产生的随机字符串,来生成所有科学知识的目录②。18 世纪和 19 世纪法国的数学家,使用了印刷作品中的大量随机字母组成伟大书籍。

打字的猴子们首次出现在 1909 年,那时法国数学家波雷尔(Émile Borel)提出猴子打字员最终会打出法国国家图书馆的每一本书。爱丁顿(Arthur Eddington)于 1928 年在他的名著《物理世界的本质》(*The Nature of the Physical World*)中做了一个类比,其中他将图书馆英语化:"如果让我的手指漫不经心地徘徊在打字机上,我的长篇大论中就有可能产生一句可以理解的句子。如果一队猴子在打字机上漫不经心地敲击,他们可能打出大英博物馆里所有的书。"

---

① 亚里士多德,《形而上学:论生成与消亡》。——原注
② 第一架机械打字机已经在 1714 年取得专利权。——原注

值得一提的是,2003 年普利茅斯大学媒体实验室获得艺术委员会的许可,在普利茅斯动物园用 6 只冠毛黑色猕猴进行一个实验。唉,它们似乎主要喜欢字母 S,给出了 5 页几乎全是 S,它们还在键盘上多次小便。

大约与这次艺术大溃败的同时,用计算机实验模拟了猴子随意击键,然后将它的输出与《莎士比亚全集》(*Complete Works of Shakespeare*)进行模式匹配,以识别任何匹配的字符串。这一模拟实验始于 2003 年 7 月 1 日,用了 100 只"猴子",它们的数量每隔几天就有效地加倍,直到 2007 年项目结束时,产生了超过 10^{35} 页的文字,每页都需要敲击键盘 2000 次。

每天的记录是相当稳定的,约 18 或 19 个字符的字符串,并且每天全部时间的记录小幅稳步上升。有一段时间,记录的字符串是 21 个字符长:

……国王。让名誉,那[wtIA''yh!'VYONOvwsFOsbhzkLH

……]

这与以下来自《爱的徒劳》的 21 个字相匹配:

国王。[让众人所追求的名誉

永远记录在我们的墓碑上,

使我们在死亡的耻辱中获得不朽的光荣;]

在 2004 年 12 月,记录达到 23 个字符:

……诗人。好日子先生[FhlOiX5a]OM,MlGtUGSxX4IfeHQbktQ

……]

这与《雅典的泰门》(*Timon of Athens*)的一部分相匹配:

诗人。好日子,先生

[画家。我很高兴你很好。]

2005 年 1 月,记录延伸到 24 个字符,如:

……谣言。打开你的耳朵;[9r'5j5&? OWTY Z0d'B – nEoF.

vjSqj[……]

这与《亨利四世第二场》(*Henry* Ⅳ, *Part 2*)的 24 个字相匹配：

> 谣言，张开你们的耳朵；[当谣言高声讲话的时候，
>
> 你们有谁肯掩住自己的耳朵呢？]

虽然这个随机实验的产出微不足道，但表明这真的只是一个时间问题，在这种意义上它很令人吃惊。大约每年增加一个字符与真正的莎士比亚字符串相匹配。如果开发一个计算机系统，其速度明显快于这个实验使用的计算机程序，我们可能会看到令人印象深刻的收获。当然，任何一个程序，强大到能用随机的"键入"来产生一个莎士比亚的作品，也能更快地产生所有更短的文学作品。

一位美国内华达州雷诺公司的名叫安德森(Jesse Anderson)的程序员，从 2011 年开始了一个新项目，他声称自己通过随机选择算法相当快地重新创作了 99.9% 的莎士比亚作品后，吸引了大量媒体的关注：

今天(2011 年 9 月 23 日)太平洋标准时间 2 点 30 分，猴子们成功地随机再现《情女怨》(*A Lover's Complaint*)，这是莎士比亚作品的第一次实际的随机再现。而且，这是有史以来随机再现的最大的作品(2 587 个词，13940 个字母)。这是猴子的一小步，但却是虚拟灵长类动物的一个巨大的飞跃。

然而，安德森所做的并不像听起来这么有戏剧性。他只是利用了全世界的计算机资源"云"，来随机产生 9 个字母的字符串。如果他们匹配某个词，比如"必要"(necessary)，或一串单词，比如"我们的恩典"(grace us in)，这些都出现在《莎士比亚全集》中，那么那些词就从他的作品中划掉(忽略标点符号和空格)。如果这个字符串没有出现在莎士比亚的作品中，那么它们就被丢弃。一旦文本中的所有单词都以这样的方式被划掉了，就表示这篇文章是由随机搜索产生的。

这并不是大多数人所理解的随机创建莎士比亚的作品。对于诗歌《情女怨》，我们会寻找一个 13 940 个字母的字符串随机生成。只有 26 个字母可以选择，那可以随机产生 $26^{13\,940}$ 个可能的这样长度的字符串。相比之下，整个可见

的宇宙中只有大约 10^{80} 个原子。安德森通过挑选含 9 个字符的字符串用于随机生成,使这个任务可行。你可以看到,产生含 13 940 个字符的字符串,并且寻找整首诗,将是没有希望的。正相反,单字母的字符串会很不起眼。你会很快产生所有 26 个不同的字母,使你能够划掉莎士比亚作品里的每一个单词的每一个字母(也包括英语的所有其他作品)。也许你不会说你已经通过随机键入生成了《莎士比亚全集》? 我想不会。